北京医院儿科主任医师、婴儿室专家

万理 [主编]

0~3岁喂养详解与
必备食谱500例

畅销升级版
● 喂养知识讲解更详细
● 婴幼儿食谱更丰富

U0278308

中国人口出版社
China Population Publishing House
全国百佳出版单位

我们坚持以专业的精神，科学的态度，为您排忧解惑。

第1章　0~3个月：母乳是宝宝最好的食物

🥣 新妈妈催乳食谱

🍎 营养专题：母乳喂养与奶粉喂养

第2章 4~6个月：初尝辅食的适应期

第3章 7~9个月：为断奶做准备

第7个月 宝宝喂养方案

第7个月宝宝营养食谱

第8个月 宝宝喂养方案

第9个月 宝宝喂养方案

第9个月宝宝营养食谱

营养专题：辅食制作技术指导

第4章　10～12个月：断奶进行时

第10个月　宝宝喂养方案

第10个月宝宝营养食谱

第11个月　宝宝喂养方案

第11个月宝宝营养食谱

第12个月 宝宝喂养方案

身体发育及营养需求

第12个月宝宝营养食谱

营养专题：科学地给宝宝断奶

第5章　1~2岁：断奶后的营养关键期

1.5～2岁宝宝营养食谱

营养专题：营养素一个不能少

第6章 2~3岁：可以吃大人的饭了

 2~2.5岁 **宝宝喂养方案**

 2~2.5岁宝宝营养食谱

 2.5~3岁 **宝宝喂养方案**

2.5~3岁宝宝营养食谱

营养专题：选择健康的零食

1～3岁：宝宝特效功能食谱

 补铁食谱

- 清蒸肝糊/枣泥肝羹/鸡肝芝麻粥/288
- 蚕豆炖牛肉/鸡血豆腐汤/289
- 双米银耳粥/289
- 胡萝卜肉菜卷/菠菜炒粉丝/290
- 香菇烧豆腐/山药菠菜汤/291

补锌食谱

- 肉蛋羹/三豆粥/白萝卜鱼泥/297
- 白菜肉泥/牛肉莲子汤/298
- 花生核桃粥/298
- 虾仁青豆饭/牡蛎汤/299

补钙食谱

- 肉末茄泥/番茄鱼泥/炖排骨/293
- 奶酪芝麻粥/293
- 虾皮鸡蛋羹/猕猴桃泥/莴笋炒三丝/294
- 鱼肉松/肉末海带面/295
- 骨头汤菜肉粥/295

补维生素食谱

- 青菜烂粥/牛奶西蓝花/橘子酸奶/301
- 菜花糊/301
- 香菇炒里脊/韭菜炒鸡蛋/302
- 清炒三丝/302

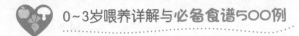

第 **1** 章

0~3个月：
母乳是宝宝最好的食物

0~28天宝宝喂养方案

第2个月宝宝喂养方案

第3个月宝宝喂养方案

新妈妈催乳食谱

 **0～28天** 宝宝喂养方案

身体发育及营养需求

宝宝身体发育指标

项目／性别	男宝宝	女宝宝
身高	51.9～61.1厘米，平均56.5厘米	51.2～60.9厘米，平均55.8厘米
体重	3.7～6.1千克，平均4.9千克	3.5～5.7千克，平均4.6千克
头围	35.4～40.2厘米，平均37.8厘米	34.7～39.5厘米，平均37.1厘米
胸围	33.7～40.9厘米，平均37.3厘米	32.9～40.1厘米，平均36.5厘米
囟门	2～2.5厘米（对边中点连线）	2～2.5厘米（对边中点连线）

宝宝身体发育特点

1 外观特点

头大，躯干长，头部与全身的比例为1：4。胸部多呈圆柱形，腹部呈筒状。四肢短，常呈屈曲状。通常新生儿初生后采取的姿势，反映了他在宫内的位置。

2 皮肤特点

胎脂：新生儿出生后，皮肤覆盖着一层灰白色的胎脂，有保护皮肤的作用。胎脂的多少有个体差异，出生后数小时会渐渐被吸收，但皱褶处胎脂宜用温开水轻轻揩去。

黄疸：生理性黄疸多在出生后2～3天出现，一般持续1周后消失。

水肿：新生儿出生后3～5天，在手、足、小腿、耻骨区及眼窝等处易出现水肿，2～3天后消失，与新生儿水代谢不稳定有关。

青记：许多胎儿出生后身上都留有"记"。颜色一般为青色、深青色、紫蓝色，也有的是浅绿色，还有红色的。"记"的位置大都在背部、臀部、腰部，少数可长在四肢，偶见于面部。"记"的大小不等，形状大都有椭圆形或其他不整齐的圆形。数量也有别，可以是1块，也可以是2块或更多。从医学观点看，"记"与"痣"属于同一类型，

"青记"叫做色素斑，"青记"一般比痣要大，也比较平，主要是由于真皮内色素细胞发育异常和色素积聚所致。青记和红记通常都不会影响健康。随着孩子成长会逐渐消失，无需治疗。

红斑：大约有一半的新生儿皮肤因受阳光、空气的刺激，在四肢、面部及身上都会有许多红斑块，成为"红斑"。真正的引起原因不明，但已知道不是细菌感染，约在出生后第二天发生率最高。不需要任何的治疗，大约在1周后会自行消失，切勿自行乱涂抹任何药膏，否则会伤害到宝宝脆弱的皮肤。

3 颅骨

宝宝出生后，头颅骨较软，颅骨不是一整块，而是由几块骨组成，而且它们彼此间是不相连的。前面的两块叫额骨，头顶上的两块叫顶骨，后脑勺的那块叫枕骨。相邻的骨之间的间隙叫骨缝，枕骨和顶骨边缘形成的菱形间隙叫前囟。

孩子头颅上的这些间隙各自有一定的闭合时间，过早和过晚都是异常，你要注意观察。后囟闭合最早，宝宝出生后6～8周闭合，有的宝宝出生时已经闭合也是正常的。骨缝一般在出生后3～4个月闭合。前囟关闭得最迟，一般在1～1.5岁时闭合。这段时间内，你除了要观察孩子前囟的大小和闭合时间外，还要观察孩子

前囟是否平坦。前囟凹陷和紧张隆起都是异常情况，应及时就诊。

4 眼

宝宝出生后第一天，眼睛经常闭合着，有时一睁一闭，这与眼运动功能尚未协调有关，难产的宝宝有时可见眼球结膜下出血或虹膜边缘呈红紫色，多因毛细血管淤血或破裂所致，数天后吸收。

5 鼻

鼻梁低，因鼻骨软而易弯、歪斜，但以后不会畸形，新生儿用鼻呼吸。

6 口腔

新生儿口腔黏膜柔嫩，大多数新生儿在出生后4~6周时，在口腔上颚中线两旁及齿龈边缘常可见到黄白色小点，

很像是长出来的牙齿，俗称"马牙"或"板牙"，医学上叫做上皮珠。上皮珠是由上皮细胞堆积而成的，是正常的生理现象，不是病，"马牙"不影响新生儿吃奶和乳牙的发育，它在新生儿出生后的1~2个月内会逐渐自行脱落，无需处理。有的新生儿因营养不良，"马牙"不能及时脱落，千万不要用针挑或用布擦，以免擦破感染。

7 耳、颈部

新生儿的耳、颈部外形、大小、结构、坚硬度与遗传及成熟度有关，越成熟耳软骨越硬。新生儿的颈部甚短，且颈部的皱褶深而潮湿。

8 胸部

新生儿的胸部多呈圆柱形，剑突尖有时上翘，在肋软骨交接处可触及串珠。新生儿呈膈肌型呼吸，有时可见潮式呼吸。出生后4~7天常见有乳腺增大，如蚕豆或核桃大小，或见黑色乳晕区及泌乳，2~3周消退。这是由于母体内分泌影响所致，切不可挤压，以防感染。

9 脐部

脐带一般会在新生儿出生后3~7天自行脱落，脐带脱落后脐窝有渗出物时应以酒精棉签拭除，然后涂上2%的甲紫溶液，保持脐部清洁干燥，避免污染。

10 生殖器

新生儿出生后阴囊或阴阜常有轻重不等的水肿，数日后消退。两侧睾丸多下降，也有在腹股沟中，或异位于会阴，股内侧筋膜或耻骨上筋膜等处。有时可见一侧或双侧鞘膜积液，常于出生后2个月内吸收。一些女婴在生后5~7天可有灰白色黏液分泌物从阴道流出，可持续两周，有时为血性，俗称"假月经"。这是由于分娩后母体雌激素对胎儿影响中断所致。

11 肛门

新生儿的肛门有时可见畸形，要仔细观察胎粪排出情况，必要时可以做肛指检查。新生儿臀炎是很容易发生的，应特别注意护理。

12 四肢

双手握拳，四肢短小，并向体内弯曲。有些婴儿出生后会有双足内翻，两臂轻度外转等现象，这是正常的，大多满月后缓解，双足内翻大约3个月后就会缓解。

13 排泄

新生儿一般在生后12小时开始排胎便。胎便呈深、黑绿色或黑色黏稠糊状，这是胎儿在母体子宫内吞入羊水中胎毛、胎脂、肠道分泌物而形成的大便。3~4天胎便可排尽。吃母乳之后，大便逐渐转成黄色。吃牛奶的孩子每天1~2次大便，吃母乳的孩子大便次数稍多些，每天4~5次。若孩子出生后24小时尚未见排胎便，则应立即请医生检查，看是否存在肛门等器官畸形。

14 尿量

新生儿出生后第一天的尿量很少，一般10~30毫升。在生后36小时之内排尿都属于正常。随着哺乳摄入水分，孩子的尿量逐渐增加，每天可以达到10次以上，日总量可以达到100~300毫升，满月前后可以达到250~450毫升。孩子尿的次数多，这是正常现象，不要因为孩子频繁排尿，就减少给水量。尤其是夏季，如果喂水少，室温又高，孩子会出现脱水热。

15 体温

新生儿的正常体温在36℃~37℃之间，但新生儿的体温中枢功能尚不完善，体温不易稳定，受外界环境温度的影响体温变化较大。新生儿的皮下脂肪较薄，体表面积相对较大，容易散热。因此，对新生儿要注意保暖，尤其在冬季，室内温度要保持在18℃~22℃，如果室温过低容易引起硬肿症。

16 感知觉

味觉：新生儿出生后，即有吸吮、吞咽的本能，别看人小，味觉也很灵敏。新生儿由于味觉神经发育较完善，因此对酸、咸、苦、甜都有反应，如果吃到甜味，可引起孩子的吸吮动作；对于苦、咸、酸等味，则可引起新生儿不快的感觉，甚至停止吸吮。

视觉：新生儿的视觉发育较弱，视物不清楚，但对光是有反应的，眼球的转动没有目的。半个月以后，孩子对距离50厘米的光亮可以看到，眼球会追随转动。

听觉：刚出生的孩子耳鼓内充满液状物质，会妨碍声音的传导。慢慢地，耳内液体逐渐被吸收，听觉也会逐渐增强。

触觉：对于冷热，新生儿是知道的，这是由于新生儿皮肤的调节功能在起作用。给新生儿包裹得太多或太少，这些都可以引起新生儿哭闹。这样的哭闹，实际上是新生儿的一种语言表达方式，大人不能一听孩子哭就烦。应该找一找原因，是冷了还是热了或是尿了。找到原因，使孩子舒适了，实际上也是一种类似语言的交流。

嗅觉：对母乳的香气感受灵敏，并显示出喜爱。

17 睡眠

新生儿除吃奶或尿布潮湿时会觉醒外，一整天几乎都在睡觉，有18～22个小时是在睡眠中度过的。睡眠多，一方面是生长发育的需要，另一方面也是脑神经系统还没有发育健全，大脑容易疲劳的缘故。正常新生儿每天睡眠的时间也有差异，有的新生儿睡眠时间稍短些，但只要精神状态很好，也不要担心。随着宝宝一天天长大，睡眠时间就会渐渐缩短。

18 运动机能

新生儿出生后就会大声啼哭，以后会一阵阵地哭。出生后半小时内可俯卧于妈妈胸前吮吸和吞咽母乳。当有物体碰触口唇时会引起吮吸动作。

19 反射能力

新生儿从出生的那一刻起，就会有很多的本能反射活动，它是大脑皮层未发育成熟的暂时表现，这些本能反射活动有的在几周内就会消失，有的在数月后仍然存在，并会继续下去。

惊吓反射：新生儿在出生后的前几周会有一种惊吓反射的本能，这是一种非常有趣的反射。如果他的头部突然向后仰或者因为声响较大以及一些突然的动作吃惊时，新生儿的反应是手脚张开、颈部伸直，然后快速将手臂抱在一起，开始大声哭泣。一般来说，这种惊吓反射会在第1个月内达到高峰，到第2个月以后会逐渐消失。

踏步反射：新生儿是个踏步天才，虽然这时他还不能支撑自己的体重，但如果你用手臂托着他，扶好他的头部，让他的足底接触一个平面，你会发现新生儿会将一只脚放在另一只前面，其姿势好像在迈步。出生2个月以后，这种反射将消失，而到他近1周岁学会自主走路时，又会重新恢复。

觅食反射：新生儿的觅食反射活动，主要是吸吮，一有什么东西碰到他的小嘴，就会立即做出吸吮的状态，还往往会将自己的小手放入口中吸吮，并且运用这些行为来安慰自己。仔细观察一下，就会发现新生儿蜷缩在小毯子中，试图咬自己的手，这时可以给他一个人工乳头或者帮助他寻找大拇指，通过这种安慰行为，可以让他安静下来。此反射会在4个月左右消失。

强直性颈部反射：又名不对称颈紧张反射。这种反射在新生儿出生后的数周内出现，能阻止新生儿由仰卧滚向俯卧或由俯卧滚向仰卧。当婴儿仰躺着的时候，他的头会转向一侧，摆出击剑者的姿势，伸出他喜欢的那一边的手臂和腿，弯曲另一边的手臂和腿。此反射在婴儿出生后3个月左右消失，若继续存在，则为脑性病变。

 小贴士

实行纯母乳喂养的建议

为了使妈妈们能够实行和坚持在最初6个月进行纯母乳喂养，世界卫生组织和联合国儿童基金会建议：

1.在分娩后最初6小时内就开始母乳喂养。

2.6个月内宝宝用纯母乳喂养，不需添加任何其他食物。

3.母乳喂养最好按需进行，不分昼夜。

4.最好不要使用奶瓶、人造奶头喂奶或使用安慰奶嘴。

掌握与足握反射：在叩击新生儿的手掌时，他会立即握住你的手指，叩击新生儿的足底时，会看到他的足底屈曲、脚趾收紧。这种本能出现在宝宝出生后的最初几天，新生儿手的握持力非常强，似乎可以支撑他全身的重量。但是不可以好奇去尝试，因为他不能控制这种反应，可能会突然松开。新生儿的这种反射在3个月后就会消失。

0~28天宝宝的营养需求

足月新生儿每日所需营养有下面7大类。

热能：热能是满足基础代谢、生长、排泄等活动所需要的物质基础。足月新生儿出生后第一周，每日每千克体重约需60~80千卡/千克；出生后第二周以后，每日每千克约需80~100千卡/千克。

蛋白质：足月新生儿每日每千克体重约需2~3克。

氨基酸：足月新生儿每天必须足量地摄取9种人体必需的氨基酸。

脂肪：足月新生儿每天总的需要量为9~17克/100卡热。母乳中不饱和脂肪酸占51%，其中的75%可被吸收，而牛乳中不饱和脂肪酸仅占34%。

糖类：足月新生儿每天需糖17~34克/100卡热。母乳中的糖全为乳糖，牛乳中的糖、乳糖各约占一半。

矿物质：钠、钾、氯、钙、磷、镁、铁、锌。

①钠：妈妈在喂奶期间不宜吃过多的盐，但并不是一点都不吃，只是要尽量少吃，因为新生儿也需要钠。

②钾：乳品中的钾能满足宝宝的需要。

③氯：氯随钠和钾吸收。

④钙、磷：母乳中的钙有50%~70%在新生儿肠道中被吸收；牛乳钙的吸收率仅为20%。所以，母乳喂养的宝宝不易缺钙，磷的吸收也比较好，不易缺乏。

⑤铁：母乳和牛乳中铁的含量都不高，牛乳中的铁不易吸收，因此牛乳喂养更容易缺乏铁。足月新生儿铁的储存量够4~6个月的使用。但如果孕妈妈缺铁，容易导致新生儿铁储备不足，要及时补充。

⑥锌：足月新生儿很少出现缺锌，一般不需额外补充。

维生素：包括维生素K、维生素D、维生素E、维生素A。健康孕妈妈分娩的新生儿，很少缺乏维生素，不需要额外补充。如果准妈妈在孕期维生素摄入不足，胎盘功能低下并早产，新生儿可能缺乏维生素D、维生素C、维生素E和叶酸。

喂养禁忌：不宜母乳喂养的情况

宝宝如果患有半乳糖血症、苯丙酮尿症等疾病，就不宜食用母乳。

哺乳妈妈如果有严重的心脏病、心功能不全、肾脏疾病、肝脏疾病、精神病、癫痫病等都不宜喂哺。此外，哺乳妈妈如果有艾滋病、乙型肝炎等病毒性感染疾病，也不能哺乳，避免引起宝宝的感染。

新妈妈哺乳要点

宝宝出生后的0~28天称为"新生儿期"，母乳是新生儿最好的食物。这个时期的宝宝消化、吸收、代谢调节功能都尚未完善，胃的容量很小，所以需要多次、少量进行哺乳。

好妈妈须知

哺乳时，宝宝常常会吃着吃着就睡着了。此时，妈妈可以轻轻将他弄醒，继续哺乳，不能让宝宝养成含着乳头睡觉的不良习惯，妈妈也不能在哺乳时睡觉，以免乳房堵住宝宝的口、鼻，导致宝宝呼吸困难或窒息。

营养小窍门

分娩后，妈妈的乳房最开始分泌的乳汁称为初乳。初乳味道清淡，量少，而且呈现出淡黄色，以前人们都认为初乳不能给宝宝吃，要挤掉。其实初乳中含有大量的蛋白质以及许多增强免疫的物质，新生儿若能全部吃到可增强其机体免疫力且可预防感染，所以初乳是不能浪费的。

 贴心提示

研究发现宝宝出生后半小时内吸吮反射最强，所以即使当时妈妈没有乳汁，也要与新生儿进行肌肤的接触，还可以让宝宝吸吮一下乳房。如果宝宝觉得饥饿或妈妈觉得奶胀时，就要给宝宝喂奶。这样不但可以尽早建立催乳反射和排乳反射，促进乳汁分泌，还有利于妈妈子宫收缩，帮助身体恢复，还对宝宝的心理发育有好处。

专家答疑

为什么不能仰卧哺乳？

婴儿的咽鼓管比成人的短、宽，几乎处于水平位，因此当婴儿在侧卧位或平卧位吸奶时，随着吞咽的动作，奶汁容易误入开放的咽鼓管，并直达中耳腔，将口腔中的细菌也一起带入，引起中耳炎。因此，妈妈喂奶时应将宝宝抱起呈斜位，头部竖直吸吮乳汁。

一日食谱推荐

以母乳喂养为主。当母乳确实不足时，可以采用混合喂养的方式。

应根据宝宝的需求进行喂哺，即"按需哺乳"，每天哺乳10~12次。

母乳的主要营养成分	
蛋白质	大部分是容易消化的乳清蛋白，且含有代谢过程中所需要的酶以及抵抗感染的免疫球蛋白和溶菌素
脂肪	含有较多的不饱和脂肪酸，并且脂肪球较小，容易吸收
糖类	主要是乳糖，在宝宝的消化道内转变成乳酸，能促进消化，帮助钙、铁、锌等的吸收，也可以促进肠道内乳酸杆菌的大量繁殖，提高消化道的抗感染能力
钙、磷	含量不高，但比例比较适当，容易被宝宝吸收

第2个月 宝宝喂养方案

 ## 身体发育及营养需求

 ### 宝宝身体发育指标

项目/性别	男宝宝	女宝宝
身高	55.3~64.9厘米，平均60.1厘米	54.2~63.4厘米，平均58.8厘米
体重	4.6~7.5千克，平均6.0千克	4.2~6.9千克，平均5.5千克
头围	37.0~42.2厘米，平均39.6厘米	36.2~41.0厘米，平均38.6厘米
胸围	36.2~43.4厘米，平均39.5厘米	35.1~42.3厘米，平均38.7厘米
囟门	前囟平均2×2厘米，后囟平均0~1厘米	前囟平均2×2厘米，后囟平均0~1厘米

宝宝身体发育特点

宝宝出生后的第2个月，是宝宝发育最快的一个月。

1 身体发育

这个月龄的宝宝，一般面部长得扁平、鼻阔，双颊丰满，肩和臀部显得较狭小，脖子短，胸部、肚子呈现圆鼓形状，小胳膊、小腿也总是喜欢呈屈曲状态，两只小手总是握着拳头。

2 动作发育

满1个月以后的宝宝，动作发育处于活跃阶段，会做出许多不同的动作，特别精彩的是面部表情逐渐丰富。在睡眠中有时会做出哭相，撇着小嘴好像很委屈的样子，有时又会出现无意识的笑。其实这些动作，都是吃饱后安详愉快的正常表现。

3 情感发育

经过一个月的哺育，宝宝对妈妈的声音会很熟悉，满月后的宝宝最喜欢听妈妈的声音，妈妈轻轻呼唤到名字时，宝宝会转过脸来看妈妈，因为宝宝在母腹内就听惯了妈妈的声音。如果突然听到陌生的声音，宝宝会很吃惊；如果声音很大时，宝宝会因为感到害怕而哭起来。因此，要经常给宝宝听一些轻柔的音乐和歌曲；对宝宝说话、唱歌的声音都要柔和悦耳。宝宝这时很喜欢周围的人和自己说话，没人理睬的时候会感到寂寞而哭闹。宝宝高兴的时候，会用一系列的反应表示自己的快乐，脸上会出现笑容，发出"哦、哦"的声音，两只小手向上举，双脚会来回蹬。

把宝宝抱在怀里，抚摸并轻声呼唤时，宝宝会回报以微笑。宝宝越早学会"逗笑"越聪明。逗笑过程的完成，是宝宝的视、听、触觉与运动系统建立起了神经网络联系的综合过程，也是条件反射建立的标志。

4 睡眠

这个月的宝宝，一天的绝大部分时间都是在睡眠中度过的。每天能睡18~

20个小时，其中约有3个小时睡得很香甜，处于深睡不醒的状态。

5 视听能力

视觉： 宝宝已经能够调节眼睛的焦距，两只眼睛能共同看一个物体。目光开始逐渐固定、集中，主要集中在活动的物体上和颜色发亮及立体的物体上，集中的时间也越来越长，满两个月时，宝宝已经能够较好地用眼睛注视周围的环境。

听觉： 听觉敏感性明显增强，喜欢听悦耳的声音、说话的声音和一些响声。对人的声音很感兴趣，能分辨出声音的高低，还能听出妈妈和经常照顾自己的人的熟悉声音。

味觉： 味觉更敏感，如果给母乳喂养的宝宝喝牛奶，宝宝会拒绝食用。同样，在给宝宝喂水时要注意，从宝宝出生起，就应当喂白开水，如果一开始就喂糖水，以后宝宝就会拒绝喝白开水。

2个月宝宝营养需求

本月宝宝每日所需的热量仍然是每千克体重80~100千卡。如果宝宝每日摄取的热量超过120千卡，很可能会发胖。

母乳喂养的宝宝，妈妈一般都弄不清楚到底吃了多少母乳，这样就不好判断每日摄取的热量。这时候，可以通过每周测量体重，如果每周体重增长都超过200克以上，就有可能是摄入的热量过多。如果每周体重增长低于100克，就有可能是热量摄入不足。

这个月宝宝可以完全依靠母乳摄取所需要的营养，不需要添加任何辅食。如果妈妈的母乳不足的话，可以适量添加牛乳，也不需要补充任何营养品。

喂养禁忌：不宜喂糖水或牛奶

宝宝如果是用母乳喂养，就不要在喂奶间隔加喂糖水或牛奶。否则，宝宝如果习惯于不用费力的奶瓶后，就不愿吃需要吸吮的母乳了。另外，宝宝得到满足后，会减少吃奶的次数，使得母乳的分泌减少，导致乳汁不足。

新妈妈哺乳要点

2个月的宝宝进入了快速生长期,对各种营养的需求也迅速增加。这时候仍然要采用完全母乳喂养,如果母乳不足,要通过一些适当的改善,增加泌乳量。

好妈妈须知

母乳的营养素在宝宝吸吮的过程中是会变化的。喂奶过程中,开始流出的乳汁脂肪含量低,蛋白质含量高,而最后流出的乳汁却刚好相反,脂肪含量高,蛋白质含量低。为了让宝宝在一次喂奶中得到全部的营养物质,妈妈在喂奶时,应该先喂空一侧乳房的乳汁,如果不够时,再喂另一侧乳房的乳汁。不能将开始的乳汁挤掉,也不能未喂完一侧乳房,又去喂另一侧乳房。

营养小窍门

乳汁分泌的多少与营养状况都与妈妈的饮食息息相关。刚生产完的妈妈不仅要恢复身体还要哺育宝宝,所以会需要更多的营养来满足身体的需要。除了主食外,妈妈还应该多摄入鱼、肉、蛋、蔬菜和水

小贴士

喂养不当的表现

一般来说,2个月大的宝宝的大便都是比较有规律的。如果喂养不当或食物过敏等,宝宝的大便次数会突然增加。严重时每日可达10次,便如稀水、腥臭,还有呕吐、厌奶、精神不济等,有的宝宝甚至出现皮肤干燥、尿少、口渴嗜饮等不适。这时要及时补充盐和水分,可以缓解一定的病情。

果，食物的烹调方法以烧、煮、炖为宜，还要多喝鸡汤、鱼汤等，这样才能保证乳汁的分泌，为宝宝提供营养全面的乳汁。

 贴心提示

宝宝虽然还小，但已经有感知能力，因此，喂食时，妈妈应尽量选择温度、湿度适宜，光线柔和，相对较安静的环境，这样的环境会使宝宝心情舒畅、情绪安定，对母乳营养的消化和吸收都会有好处。

 专家答疑

宝宝睡着了，要叫醒喂奶吗？

如果宝宝睡眠超过3小时，就要将其叫醒，给他喂奶。因为年龄越小的宝宝，觉醒能力越差，而早产、低体重和体质稍弱的宝宝觉醒能力就更差了，即使宝宝在睡眠中，身体的能量和营养消耗也是非常大的，如果让宝宝一直睡下去，就有可能发生低血糖。当然，如果是后半夜，就不要叫醒宝宝。

 一日食谱推荐

母乳喂养的宝宝	人工喂养的宝宝	喂养的时间
宝宝有吃奶的欲望就喂奶，母乳喂养的宝宝不需添加辅助食品	每3个小时喂一次奶，每次喂60~150毫升，喂奶中间喂温开水，每次约30毫升，白天喂两次 每天喂1次适量的维生素D胶丸（在医生的指导下）	上午：3：00~6：00 　　　9：00~12：00 下午：15：00~18：00 晚间：21：00~24：00

第3个月 宝宝喂养方案

身体发育及营养需求

宝宝身体发育指标

项目/性别	男宝宝	女宝宝
身高	57.6~67.2厘米，平均62.4厘米	56.9~65.2厘米，平均61.1厘米
体重	5.2~8.3千克，平均6.7千克	4.8~7.6千克，平均6.2千克
头围	38.2~43.4厘米，平均40.8厘米	37.4~42.2厘米，平均39.8厘米
胸围	37.4~45.0厘米，平均41.2厘米	36.5~42.7厘米，平均40.1厘米
囟门	2.5厘米×2.5厘米（两对边中点连线）	2.5厘米×2.5厘米（两对边中点连线）

宝宝身体发育特点

1 语言发育

3个月的宝宝在语言上有了一定的发展，逗宝宝时，会非常高兴地发出欢快的笑声，当看到妈妈时，脸上会露出甜蜜的微笑，嘴里还会不断地发出咿呀的学语声，似乎在对妈妈说话交流感情。

2 认知能力发育

3个月的宝宝视觉有了发展，开始对颜色产生了分辨能力，对黄色最为敏感，其次是红色，见到这两种颜色的玩具很快能产生反应，对其他颜色的反应要慢一些。这么大的宝宝已经认识奶瓶了，一看到家人拿着它，就知道要给自己吃奶或喝水，会非常安静地等待着。在听觉上发展也较快，已具有一定的辨别方向的能力，听到声音后，头能顺着响声转动180°。

3 情感发育

3个月的宝宝喜欢从不同角度玩自己的小手，喜欢用手触摸玩具，并且喜欢把玩具放在口里试探性地咬嚼。能够用叽叽咕咕的语言与人交谈，有声有色地说得还挺热闹，会听自己的声音。对妈妈显出格外的依赖。

4 睡眠

3个月的宝宝每日睡眠时间是16~18小时，白天睡3次，每次2~2.5小时，夜里能睡10个小时左右。

这个阶段，要多多进行亲子交谈，和宝宝说说笑笑或给宝宝唱歌，或用玩具逗引，让宝宝主动发音，要轻柔地抚摸和鼓励宝宝。

3个月宝宝营养需求

这个月宝宝每日所需的热量是每千克体重80~100千卡。如果低于80千卡，容易导致宝宝体重增长缓慢，而超过120千卡，则容易因热量摄取过多而导致肥胖。

人工喂养的宝宝可以根据每天喂的牛奶量来计算热量，而母乳喂养和混合喂养的宝宝不能通过乳量来计算每日所需的热量。实际上，可以按照宝宝自己的需要来供给奶量，大多数的宝宝已经知道饱和饿了。

 喂养禁忌：妈妈不要饮麦乳精

为了给宝宝提供有营养的乳汁，哺乳妈妈要格外注意自己的饮食。麦乳精是不能当做营养品饮用的，因为其中含有从麦芽中提取的麦芽糖，它对乳汁的分泌有抑制的作用。哺乳的妈妈如饮用的话，容易引起乳汁分泌减少。

 新妈妈哺乳要点

3个月的宝宝提倡继续母乳喂养，如果母乳确实不能满足宝宝的需要，不足的部分可以先进行混合喂养，如果根本没有母乳或者由于某些原因无法进行母乳喂养，再考虑进行人工喂养。

 好妈妈须知

妈妈每次给宝宝喂母乳前，都要先洗手，用温开水清洗乳头并用清洁毛巾擦干。哺乳前可以先用手挤压乳头，挤出几滴乳汁，然后再开始哺乳。哺乳期间的妈妈要注意个人卫生，勤洗澡，勤换衣服。

营养小窍门

母乳和牛乳可以满足宝宝对蛋白质、脂肪、矿物质和维生素的需要。此外，宝宝每天需要补充维生素D300~400国际单位。人工喂养儿可以补充鲜果蔬汁，每天20~40毫升。母乳喂养的宝宝如果大便干燥的话，可以补充些果蔬汁。早产儿也应该从这个月开始补充铁剂和维生素E，铁剂为2毫克/千克/日，维生素E为24国际单位/日。

贴心提示

如果你的宝宝是过敏体质，就更应该坚持母乳喂养，因为牛奶中的牛乳蛋白过敏会引起腹泻、支气管发炎、气喘、呕吐、湿疹、发育不良等症状。

小贴士

奶具的消毒步骤

宝宝的抵抗能力较弱，容易受到细菌的感染而引起疾病。所以，在每一次人工喂养前都要认真对器具进行消毒。一般来说，消毒的方法有开水烫煮、药品消毒、熏蒸等方式，比较常见和容易操作的方法是开水消毒。

具体消毒步骤为：喂奶后，将奶瓶和奶嘴清洗干净，再放入盛有适量水的消毒锅中煮5~6分钟。用蒸煮器消毒的话，奶瓶需要10分钟，奶嘴需要3分钟。消完毒后，用专用器具夹将奶嘴等器具放在专用的奶瓶干燥架子上，再次使用时取出即可。

专家解疑

喂奶时，宝宝吐奶怎么办？

3个月的宝宝胃肠道还未发育成熟，所以给宝宝喂奶时很容易出现吐奶的现象。随着月龄的增长，这种现象会逐渐消失，但是如果妈妈喂哺不当，也可能会引起宝宝吐奶。为了防止宝宝吐奶，每次喂奶结束后，妈妈应该抱起宝宝，把宝宝的头靠在自己的肩上，轻轻地拍打宝宝的背部，几分钟后，让宝宝打个嗝，将喝奶时吞入的空气吐出后，再将宝宝放到床上。但要让宝宝右侧卧，头稍高些。喂奶后1小时左右，如果宝宝出现喷射性呕吐，应该及时就医。

 一日食谱推荐

上午	6：00	喂母乳或母乳加配方奶75～160毫升
	9：00	喂母乳或母乳加配方奶50毫升
	12：00	喂母乳或母乳加配方奶75～160毫升
下午	15：00	喂母乳或母乳加配方奶75～160毫升
	18：00	喂母乳或母乳加配方奶50毫升
晚上	21：00	喂母乳或母乳加配方奶75～160毫升
	24：00	喂母乳或母乳加配方奶75～160毫升

每天给宝宝喂食1次适量鱼肝油。
人工喂养的宝宝可以适量添加温开水、蔬菜汁、纯果汁、米汤等。

新妈妈 催乳食谱

1～3个月的宝宝主要的食物就是母乳，所以这个时候要保证新妈妈能摄入充足的营养。尽量的多给新妈妈吃一些催乳的食谱，新妈妈会分泌足够的乳汁供宝宝吸吮，宝宝才能获得充足的营养，才能健康成长。

荔枝山药粥

原料： 干荔枝5枚，粳米30克，山药20克，莲米20克，白糖30克。

做法

1.干荔枝去壳；粳米淘洗干净；莲米去心；山药去皮，洗净，切成片状或小丁块。

2.锅中放水约500克，加入材料，置火上煮，先用大火烧开，再改中火煮，至米烂、汁黏稠时放入白糖，稍搅拌片刻后离火即可食用，每日可食1～2次。

阿胶大枣羹

原料： 阿胶250克，大枣1000克，核桃500克，冰糖500克。

做法

1.将核桃除皮留仁，捣烂备用。将大枣洗净，兑适量水放锅内煮烂，用干净纱布滤去皮核，置入另一锅内，放入冰糖、核桃仁文火炖之。

2.将阿胶放碗内上屉蒸烊化后，加在大枣、核桃锅内熬成羹即可。

 乳鸽银耳汤

原料： 乳鸽1只，银耳10克，瘦肉150克，蜜枣3个，精盐适量。

做法

1. 将乳鸽洗净，切成块，切去脚，与瘦肉一起放入沸水中煮5分钟，取出过冷河，洗净。
2. 银耳用清水浸至膨胀，放入沸水中煮3分钟，取出洗净。
3. 适量清水煮沸，放入乳鸽、瘦肉和蜜枣煲约2小时，放入银耳再煲半小时，下精盐调味即可。

猪肚粥

原料： 猪肚100克，大米100克，精盐适量。

做法

1. 猪肚洗净，切成细丝，先放入水中煮开捞出。
2. 大米洗净，放入猪肚丝，加水适量，用小火煮至猪肚烂、汤汁稠为止，最后再加入精盐调味即可。

核桃枸杞粥

原料： 核桃仁30克，粳米100克，枸杞子20克，白砂糖5克。

做法

1. 将枸杞子除去杂质，反复清洗干净，用温水浸泡变软；核桃仁洗净，备用。
2. 把粳米淘洗干净，用冷水浸泡大约30分钟后捞出，沥干水分。
3. 把粳米放入锅内，加入冷水约1000毫升，置旺火上烧沸。
4. 再放入枸杞子、核桃仁，改用微火煮45分钟。
5. 加入白砂糖调好味，即可盛起食用。

🥣 鲫鱼炖豆腐

原料：鲫鱼1条，豆腐250克，油、葱、姜、清汤、料酒、精盐各适量。

做法

1.将鲫鱼去鳞、内脏、腮，然后洗净；豆腐洗净，切成小方块。

2.锅置火上，放油，下葱段、姜片爆

出香味，放入鲫鱼，加料酒、清汤烧开，撇开浮沫，放入豆腐，旺火煮数分钟，转小火煨至肉烂，汤成乳白色。

3.加入适量精盐即可。

🥣 莲子银花粥

原料：莲子30克，粳米100克，金银花15克，白糖2大匙。

做法

1.将金银花洗干净，莲子去皮、去心清洗干净。

2.将金银花放入沙锅内，置旺火上烧沸，然后转用小火熬煮5分钟，去渣，留汁备用。

3.将粳米用清水淘洗干净，备用。

4.在金银花锅内加入莲子肉，粳米置旺火上烧沸，再用小火熬煮至熟。最后加入白糖即成。

🥣 大枣桂圆粥

原料：桂圆肉50克，小米100克，大枣30克，红糖少许。

做法

1.把小米淘洗干净。

2.把大枣与桂圆肉清洗干净，备用。

3.把沙锅置旺火上，放入适量清水，烧开后下入小米。

4.待开锅后放入大枣、桂圆，煮开后，改用小火继续慢煮。

5.当小米快烂时，加入红糖，继续煮至粥稠时即可。

猪蹄通草羹

原料：猪前蹄2只（约750克），通草15克，生姜5片，料酒、精盐各适量。

做法

1.将通草洗净，切成小段。

2.将猪蹄刮洗干净，剁成小块。

3.将猪蹄放入砂锅内，再放入通草、姜片、料酒、清水各适量，大火烧开后，用小火煨烧至熟烂，放入精盐即成。

杞枣煮鸡蛋

原料：枸杞子30克，南枣10克，鸡蛋2个。

做法

1.将枸杞子、南枣同装入干净纱布包中，放在砂锅内，加水浸泡约10分钟。

2.将砂锅放在火上，加入洗净的鸡蛋，同煮15分钟，捞出鸡蛋，去掉外壳，再放回原汤煮10分钟后，即可食用。

鲤鱼萝卜粥

原料：鲤鱼1条（重约500克），大米100克，萝卜100克，葱、生姜末、黄酒、精盐、麻油各适量。

做法

1.鲤鱼去鳞、鳃及内脏，用清水洗干净。

2.将大米淘洗干净；萝卜去外皮，洗净，切成细丝，备用。

3.将鲤鱼放入锅中，加入葱、生姜末、黄酒及适量清水，用旺火煮沸，转用小火煮至鱼肉极烂，用汤筛过滤去鱼刺，加清水适量继续煮。

4.把大米和萝卜丝倒入鱼锅内，用小火慢慢煮成稀粥，加入麻油、精盐调味即可。

香酥海带

原料： 水发海带、酥炸糊各200克，水发冬菇20克，姜丝10克，植物油100克，精盐、白糖、料酒、椒盐、面酱各适量。

做法

1.将海带洗净，切成长4厘米、宽0.5厘米的带状；冬菇洗净，切丝。

2.将海带加水煮软，捞出沥干水分。放入锅内，加入姜丝、冬菇丝拌匀，再加入精盐、白糖、料酒等腌一下。

3.锅置火上，放油烧热。抓起一小扎海带，裹上一层酥炸糊，放锅中炸至金黄色捞出，过5~6分钟后，再放油锅内炸一次。上桌食用时，另调配上椒盐、面酱即可。

荸荠鸡片

原料： 鸡脯肉200克，番茄酱50克，荸荠50克，鸡蛋清50克，熟猪油250克，白糖、醋、淀粉、精盐各适量。

做法

1.先将鸡脯肉切成薄片，加精盐、鸡蛋清、淀粉各少许调匀；荸荠去皮，洗净，切成薄片。

2.锅置火上，放油烧热，再放入鸡片，滑散翻炒，见鸡片变白、成形时即可捞出放入盘中备用。

3.原锅留油少许，放入荸荠、清水、精盐、白糖、番茄酱、醋烧开后，将淀粉用水调匀勾芡，倒入鸡片，翻炒均匀即成。

莲子荷兰豆鲫鱼

原料： 鲫鱼1条（约350克），猪肉馅（肥三瘦七）100克，莲子15克，荷兰豆20克，葱段、姜、冰糖各10克，料酒20克，植物油、生抽各5克，盐适量。

做法

1.把鲫鱼收拾干净；莲子用清水泡发，去心；荷兰豆撕去老筋；取一半姜切片，另一半切末。

2.肉馅放入姜末、生抽和部分料酒，搅匀后腌制约10分钟，塞入鱼腹。

3.锅置火上，放油烧热，放入鲫鱼，用小火煎至两面微黄，烹入剩余料酒，放适量的水烹煮。

4.将莲子、荷兰豆放入锅内，加入葱段、姜片、冰糖和适量清水，用大火烧开后，改用小火加盖炖约2小时，加入适量盐调味即可。

🥣 生姜香醋猪蹄煲

原料: 猪蹄2只,生姜500克,香醋、精盐各适量。

做法

1.生姜刮去皮后切块,猪蹄洗净去毛,剁成块。

2.将生姜、猪蹄放入锅中,再加入香醋,一起炖1小时,中途可适量加水,炖至猪蹄软烂,加适量精盐调味即可。

🥣 莲子薏仁炖猪排

原料: 莲子6克,薏仁10克,猪排骨500克,冰糖100克,姜、葱、黄酒、卤汁、麻油、精盐各适量。

做法

1.莲子、薏仁炒香捣碎,用水煎30分钟取药汁。

2.猪排骨洗净放入药汁中,再拍破姜、葱放入锅中,煮至七分熟撇去浮沫,捞出排骨晾凉。

3.将卤汁倒入锅中,加冰糖、精盐,在温火上炖1小时,烹入黄酒后缩成浓汁淋入麻油即可。

🥣 菠萝枣泥山药

原料: 山药750克,枣泥250克,菠萝半个,白糖250克,淀粉10克。

做法

1.山药洗净,上笼蒸熟,剥去皮,加工成6厘米长的段,用刀拍扁,整齐地排在碗内,放入枣泥后,上面再放一层山药,上笼蒸15分钟后翻扣盘中。

2.锅内注入清水及白糖,烧开后用淀粉勾芡,淋入盘内。将菠萝切小块点缀周围即可。

乌鸡白凤汤

原料： 乌鸡1只，白凤尾菇50克，料酒、葱段、姜片、盐各适量。

做法

1.乌鸡治净；凤尾菇洗净待用。

2.锅中加清水、姜片煮沸，放入乌鸡、料酒、葱段，用小火焖煮至酥。

3.鸡汤中放入白凤尾菇、盐，调味后沸煮3分钟起锅即可。

莲子肚丝汤

原料： 洗净猪肚150克，去心莲子30克，姜片、料酒、葱花、精盐各少许。

做法

1.莲子加水适量蒸至熟烂。

2.猪肚切丝，加姜片、料酒、清水煮沸，撇去浮沫，改用小火煮熟烂后，放入莲子（莲汁）、精盐，并撒上葱花即可。

鲤鱼丝瓜汤

原料： 鲤鱼1条（500克），丝瓜50克，葱段、姜片各少许，精盐适量。

做法

1.鲤鱼去鳞、鳃，剖肚去内脏，洗净；丝瓜去皮，切小片。

2.将鲤鱼放入锅中，加水约1000克，煮至肉快烂时，加入丝瓜、葱段、姜片、精盐，继续煮至肉烂后，即可离火食用。

鲤鱼番茄汤

原料：鲤鱼1条，番茄2个，鸡蛋1个，面粉150克，葱段、姜片、料酒、精盐、白糖各适量。

做法

1. 把鲤鱼去鳞、鳃及内脏，洗净切块，加入料酒、精盐腌渍15分钟。

2. 在面粉中加入适量的清水和白糖，磕入鸡蛋一起搅和成糊。

3. 将鱼块下入糊中浸透，取出后蘸上干生面粉，下入爆姜片的温油锅中翻炸3分钟捞起。

4. 将番茄氽烫去皮，切成小块，加入水、调料，制成番茄糊，倒入炸好的鱼块上煮15分钟，撒上葱段即成。

5. 佐膳食，每日分2次食完。

鸡杂蘑菇汤

原料：鸡杂50克，山药30克，干蘑菇20克，胡萝卜10克，油炸鱼丸子20克，韭菜20克，海带10克，精盐3克，酱油5克，料酒3克。

做法

1. 将鸡杂切碎；干蘑菇浸泡后切丝；将胡萝卜去皮，切成长方形薄片；油炸鱼丸子过水去油后切成长方形薄片。

2. 将韭菜洗净，切成约2厘米长的段；将山药去皮，洗去黏液，在研钵中捣碎。

3. 将鸡杂及蘑菇丝放入煮海带的锅内，煮一会儿后再把海带取出，加入胡萝卜，再煮一会儿后加入料酒、精盐及酱油调味，放入油炸鱼丸子。

4. 用筷子将捣碎的山药泥揉成小丸子，放入锅中，煮一会儿后去火，最后放入韭菜段，用汤碗盛装即可食用。

花香藕

原料： 莲藕2节，糯米500克，白糖200克，糖桂花50克。

做法

1.将糯米洗净浸泡约1小时；莲藕去外皮洗净，用筷子把莲洞打通，洗净泥浆。

2.把浸泡好的糯米装入莲洞中（不要装得太满，要留有空隙）。

3.锅中放入清水、装好糯米的莲藕和白糖一起煮熟煮透。

4.将煮好的糯米藕捞出稍晾凉，然后切成薄片，吃的时候在糯米藕片上面淋上糖桂花即可。

黄花菜猪蹄汤

原料： 猪蹄500克，黄花菜100克，料酒、精盐、姜片、葱段各适量。

做法

1.将泡好的干黄花菜去根洗净，切段；猪蹄去毛洗净，放入开水锅中煮5分钟，捞出。

2.锅置火上，放入猪蹄、料酒、精盐、姜片、葱段，用大火烧开后，改用小火煨炖，大约1小时后，放入黄花菜，炖至肉烂时即可出锅。

银耳海参汤

原料： 银耳50克，水发海参50克，精盐1.5克，清汤300克，料酒适量。

做法

1.银耳温水泡开，去根蒂，清水洗净；海参洗净，切成小片。将银耳、海参片一起放入开水锅中余透，捞出滤去水分。

2.锅中放入清汤100克、精盐0.5克及适量料酒，把银耳、海参片放入汤内，小火煨烧5分钟，盛入碗中。

3.另起锅，放入清汤200毫升，精盐1克、料酒3克，汤烧开，撇去浮沫，倒入盛银耳与海参片的汤碗中即可。

 奶油桂鱼汤

原料：桂鱼500克，冬笋、火腿各30克，葱花10克，姜片5克，色拉油25毫升，绍酒10毫升，精盐适量。

做法

1. 桂鱼除掉内脏，清洗干净，用绍酒、精盐少许略渍；冬笋洗净切片；火腿切成末，备用。

2. 将炒锅置火上，放入色拉油烧热，下入姜片爆香，放入笋片翻炒。

3. 锅中加水煮沸，推入桂鱼，再加入绍酒、精盐，用微火焖煮40分钟。

4. 待汤色乳白，撒上火腿末、葱花，淋入色拉油即成。

排骨萝卜汤

原料：猪小排骨250克，萝卜100克，醋、姜片、葱、精盐各适量。

做法

1. 排骨洗净，顺骨缝切开，剁成约3厘米长的段；萝卜削皮，切成约8厘米长的滚刀块。

2. 锅内放水1000毫升烧开，放入排骨和醋，煮开，撇去浮沫，放入姜片、葱（打结）。

3. 烧开后，加入萝卜块，倒入砂锅内，盖上盖，改用小火烧2小时左右。

4. 待肉熟烂离骨时，加入精盐，拣去葱、姜，连砂锅一起端上桌即可食用。

当归黄花菜汤

原料：当归身15克，黄花菜15克，猪瘦肉、精盐各适量。

做法

1. 将当归身洗净切片；猪瘦肉洗净切片；黄花菜泡好洗净，择净。

2. 锅置火上，将当归身、猪瘦肉、黄花菜一起放在锅内加适量清水煮汤，待肉熟烂时加少许精盐调味即成。

🥣 银耳冬菇汤

原料：银耳15克，冬菇25克，大粒花生5克，蜜枣5克，精盐适量。

做法

1.花生用滚水滤过，去皮，放在锅内，再注入1000毫升左右的水，加入蜜枣先煎煮。

2.银耳用水发开，切去硬蒂，洗净；冬菇浸软，去蒂，洗净。花生、蜜枣等炖煮90分钟后，待花生熟时，加入银耳、冬菇同煮，煮约40分钟，加入精盐，再稍煮片刻即成。

🥣 花生猪蹄汤

原料：猪蹄1只，花生仁45克，姜片、葱段、精盐、八角、茴香、料酒各适量。

做法

1.猪脚洗净，切块，焯烫后撇净血水和浮沫，捞出备用。

2.将猪脚、花生仁、姜片、葱段、八角、茴香、料酒同时放入锅中，再加水、精盐，先用中火煮沸，再转小火续炖1小时，即可食用。

🥣 小黄鱼雪菜汤

原料：小黄鱼250克，植物油100克，肉汤250克，雪菜25克，黄酒、精盐、白糖、葱姜末、香油、淀粉各适量。

做法

1.将小黄鱼洗净，去头和内脏，加精盐、黄酒、淀粉腌一会儿。

2.锅置火上，放油烧热，把小黄鱼放油锅里两面煎黄即捞出。

3.锅底留油，将姜葱末、雪菜煸炒一会儿，放入肉汤、白糖、小黄鱼，烧熟，放入香油即可。

当归猪蹄汤

原料：前猪蹄2只，当归、王不留行各30克，通草10克，莴苣片20克，精盐适量。

做法

1．将猪蹄去毛洗净，用刀划口；把当归、王不留行、通草这三味中药用纱布包好；莴苣片洗净。

2．砂锅置火上，加水适量，放入猪蹄及中药药包，用小火炖至猪蹄熟烂脱骨时，取出纱袋，放入莴苣片、精盐，稍煮即成。

山药鱼头汤

原料：草鱼或胖头鱼1条，山药150克，豌豆苗50克，海带结10克，植物油、盐、姜片各适量。

做法

1．鱼头处理干净；山药去皮，洗净，切块。

2．油锅烧热，放鱼头煎至两面微黄时取出。

3．另起一锅，放入水和鱼头、山药块、海带结、姜片，大火煮沸后转小火炖30分钟；再放豌豆苗煮沸，放盐调味即可。

甲鱼羊肉汤

原料：甲鱼（鳖）1000克，苹果5克，羊肉500克，生姜片、精盐各少许。

做法

1．甲鱼（鳖）放入沸水锅中烫一下，剁去头爪，揭去鳖甲，掏出内脏洗净；羊肉洗净备用。

2．将甲鱼肉、羊肉切成2厘米见方小块，放入铝锅内，加苹果、生姜片及水适量，置大火上烧开，移至小火炖熬至熟，加入精盐调味即可。

🍲 木瓜排骨花生汤

原料：排骨500克，木瓜500克，花生仁（生）100克，蜜枣50克，盐3克。

做法 ·····

1. 木瓜去皮去核，洗净，切厚块。
2. 花生用清水浸一个小时，捞起。
3. 蜜枣洗净；排骨洗净，放入滚水中煮五分钟，捞起。
4. 水10杯或适量放入煲内，花生也放入煲内煲滚，放入排骨、木瓜、蜜枣煲滚，慢火煲三小时，下盐调味即可。

🍲 草鱼豆腐汤

原料：草鱼500克，豆腐（南）250克，大葱、姜各10克，青蒜2克，料酒、酱油各50毫升，白砂糖10克，盐2克，猪油（炼制）150克。

做法 ·····

1. 把草鱼切成3.3厘米长、1.7厘米厚的块；豆腐切成与草鱼同样大小的块；青蒜切成段。
2. 在锅内放猪油50克，烧热后放葱、姜、盐和鱼块，旋即烹入料酒，加盖略焖后，加酱油、白砂糖使鱼上色。
3. 加水250毫升，用旺火煮1分钟，再加水400毫升。煮沸后推入豆腐和猪油，再用旺火烧4分钟左右。
4. 待汤汁变浓时再淋入猪油，出锅装入汤盆，撒上青蒜段即成。

🍲 枸杞鳝鱼汤

原料：活鳝鱼500克，枸杞子10克，黄芪5克，葱段、姜片、蒜头、料酒、盐、色拉油各适量。

做法 ·····

1. 把鳝鱼清除掉内脏，用开水洗净黏液及血污，然后切成5厘米长的段。
2. 将炒锅置旺火上，加水烧开。
3. 将鳝鱼段焯水后倒出，洗净。
4. 锅洗净复置旺火上，放油烧热，投入葱段、姜片、蒜头，用小火煸至金黄，加水后放鳝鱼段，加料酒。
5. 待水烧沸后改用小火烧约30分钟，投入黄芪、枸杞子，再继续烧约10分钟至汤色浓白时加盐搅拌均匀，装入汤碗内即成。

鳅鱼附蛋汤

原料： 小泥鳅500克，鸡蛋3个，葱、姜各15克，猪油100克，料酒50毫升，鸡油15克，盐适量。

做法

1. 将泥鳅用清水活养1天，使泥腥味从口里吐出。再用清水洗一遍，沥干水分；葱白切花；余下葱和姜拍破。

2. 将猪油烧到六成热，下入拍破的葱、姜煸炒，再下入泥鳅并立即盖上盖，以免泥鳅蹦出锅外，然后揭开盖，烹入料酒，加入适量的水，烧开后移用小火炖烂。

3. 将鸡蛋洗净，磕入碗内，搅散。

4. 食用时，将炖好的泥鳅去掉葱、姜后倒入锅内，加入盐烧开，调好味，撇去浮沫，再将鸡蛋用漏勺流入锅内，即熟。将泥鳅蛋汤装入汤盆内，撒上葱花和鸡油即可。

鲫鱼氽丸汤

原料： 大鲫鱼1条（约500克），猪瘦肉200克，香菇20克，熟火腿、香菜、鲜笋各10克，鸡蛋1个，熟猪油、料酒、淀粉、盐、葱、姜各适量。

做法

1. 把大鲫鱼清洗干净，在鱼身两面各斜剞5刀；把葱洗净，一半切成葱花，一半挽成葱结；姜一半切成片，一半切成细末；鲜笋切片，用开水焯一下；火腿切成片；香菜洗净，切成末。

2. 把猪瘦肉剁成蓉，盛入碗内，磕入鸡蛋，加盐、葱花、姜末、料酒和淀粉搅拌至上劲；香菇去蒂，洗净，切成片。

3. 将炒锅置旺火上，放猪油烧热，炸香葱结、姜片，将鱼下入，边煎边用勺翻动，煎至鱼身呈两面黄色时烹入料酒，加500毫升清水及盐烧开。

4. 把肉蓉挤成桂圆大小的肉丸子，逐个投入锅中，再沸时转用小火煮10分钟，至鱼眼鼓出，用漏勺捞出，放汤碗内。

5. 将原汤锅置旺火上，加火腿片、香菇片、笋片煮5分钟，下猪油，待沸时起锅浇入鱼碗，撒上香菜末即可。

营养专题：
母乳喂养与奶粉喂养

 ## 母乳喂养对母婴的好处

母乳喂养除可以满足婴儿的营养需要外，还对母亲及婴儿有许多持续的、有益健康的作用，并且母乳喂养也有利于增进母子间的感情。

1.母乳喂养可降低婴儿患感染性疾病的风险。

2.母乳喂养也可以降低婴儿患非感染疾病及慢性疾病的风险。

3.母乳喂养有利于预防婴儿患过敏性疾病的发生。

4.母乳喂养可降低母亲乳腺癌的发病机率。

5.母乳喂养可预防近视。科学家发现母乳喂养长大的孩子患近视眼的可能性比人工喂养的孩子要低。

6.母乳量会随着婴儿的成长而增加，泌乳速度适宜，喂养方便。

7.母乳喂养使母婴有更多的肌肤接触，亲吻及体温的温暖等，有利于建立母婴依恋感情，也有助于更亲密的母婴亲情关系的建立。

8.哺乳过程中，母婴间目光的对视，促使新生儿最早看见的是母亲的笑脸，是母亲的眼睛。

9.母乳具有经济方便、清洁卫生等优点。

10.母乳喂养有益于母亲的身体健康。

掌握开始喂奶的时间

妈妈第一次给新生儿喂奶叫"开奶"。在过去很长的时间里，人们大多强调妈妈生产后非常疲劳，需要一段时间休息，所以一般应在婴儿出生后6~12小时才开始喂奶，觉得这样才有利于妈妈充分休息。

其实早开奶更有利于母婴健康。新生儿出生后第1个小时是敏感期，而且生后20~30分钟内，婴儿的吸吮反射最强，因此母乳喂养的新观点提倡产后1小时内即开奶，最晚也不要超过6小时。早开奶的好处有如下几点：

1. 妈妈产后泌乳必须依靠婴儿对乳头地吸吮刺激。婴儿尽早吮吸乳头，能促使妈妈早下奶，快下奶。

2. 加快妈妈的子宫复位，早止出血。婴儿吸吮引起催产素分泌，可促使产后子宫收缩，加快复位，有助于产后出血尽早停止。

3. 婴儿可以获得初乳中大量的免疫物质，加强婴儿抵抗疾病的能力。

4. 新生儿敏感期正是建立母婴间感情联系的最佳时期，新生儿出生后母婴接触的时间越早，母婴间感情越深，婴儿的身心发育就越好。

5. 能够及时补充婴儿从母腹到人间的生理断层，能够尽快获得生理需要，特别是水分、营养的及时补充，有利于婴儿成长的连续性。

正确进行初乳喂养

婴儿出生后72小时，乳房不会分泌乳汁，而是分泌一种稀薄的、黄色的液体，名为"初乳"。初乳的成分是由水、蛋白质和矿物质组成的。当婴儿出生后头几天母亲还没有乳汁分泌之前，初乳可以满足婴儿所有的营养需要。初乳也含有非常宝贵的抗体，能帮助婴儿抵御诸如脊髓灰质炎、流行性感冒和呼吸道感染等疾病。初乳还附带有一种轻泻的作用，有助于促进胎粪排出，所以一定要给婴儿喂初乳。

宝宝出生的头几天，妈妈要温柔地把他抱在胸前，一是喂哺初乳，二是使婴儿习惯伏在胸上。如果在一间设有"母婴房"的医院里，并且医务人员鼓励按要求用母乳喂养婴儿，这样就更好了。每当婴儿啼哭时，可把他抱起靠近乳房，开始时每侧乳房仅吸几分钟，这样，乳头就不会酸痛。如果婴儿是放在医院婴儿室的，应该告诉医务人员，请他们把婴儿抱来喂养，不要用奶粉喂养，一定要喂婴儿初乳。

 ## 掌握婴儿觅食反射

母亲头几次抱着婴儿靠近乳房的时候，应该帮助和鼓励婴儿寻找乳头。用双手怀抱婴儿并在靠近乳房处轻轻抚摸他的脸颊。这样做会诱发婴儿的"觅食反射"。婴儿将会立刻转向乳头，张开口准备觅食。此时如把乳头放入婴儿嘴里，婴儿便会用双唇含住乳晕并安静地吸吮。许多婴儿都先用嘴唇舐乳头，然后再把乳头含入口中。有时，这种舐乳头的动作是一种刺激，往往有助于挤出一些初乳。

过几天，婴儿就无须人工刺激了，婴儿一被抱起靠近母亲身体，就会高兴地转向乳头并含在口里。

母亲不要用手指扶持婴儿的双颊把他的头引向乳头。婴儿会因双颊被触摸受到不一致地引导而弄得晕头转向，并拼命地把头从这一侧转到另一侧去寻找乳头。

 ## 掌握婴儿需要的乳量

母亲产后的乳量取决于婴儿摄食量的多少，因此，供给和要求也是如此，婴儿摄食的乳量越多，母亲的乳房产生乳量也越多。

新生儿需要的乳量为每450克体重每日需要50~80毫升。妈妈的乳房可在每次哺乳3小时后产乳汁40~50毫升，因此，每日产母乳720~950毫升是足够的。

 ## 两侧乳房轮流哺乳

婴儿吸吮在最初5分钟内是最强烈的。此时，婴儿已吸食了80%。一般来说，每一侧乳房哺乳时间的长短视婴儿吸吮的兴趣而定。但是，通常不超过10分钟。大概到达上述时间，乳房已被排空，虽然婴儿可能还对吸吮感到津津有味，但你会发现他对继续吃奶已不感兴趣。婴儿可能开始玩弄你的乳房，将乳头在口内一会儿含入、一会儿吐出；他可能转过脸去，也可能入睡了。

当婴儿显露出在一侧乳房已吃饱时，应把婴儿轻轻地从乳头移开，把他放在另一侧乳房上，如果婴儿吸吮两侧乳房之后睡着的话，婴儿可能已经吃饱了。母亲要想知道他睡着是否由于吃饱的缘故，只要看婴儿是否在约10分钟后醒来再次吃奶就知道了。同样的，如果婴儿只从一侧乳房中吸食已能满足他的需要量的话，那么，下次喂奶时，一开始应换用另一侧乳房哺乳。

母乳喂养的姿势

妈妈可以按自己选择的姿势喂奶，只要宝宝能够含住乳头和自己觉得舒服、轻松自如就好。可以实践各种方法并采用感觉最自然的一种。在一天以内要改换各种授乳姿势——这样做将会保证婴儿不会仅向乳晕的一个部位施加压力，并且尽量减少输乳管受阻塞的危险。如果坐着授乳，一定要位置舒服。必要时，用软垫或枕头支持臂部和背部。

躺在床上喂乳也很好。特别是在头几周和晚上，没有理由不这样做。妈妈应该采取侧睡姿势，如希望更舒服，则可垫上枕头。轻轻地怀抱婴儿的头和身体，紧靠你的身旁。也可以把婴儿放在枕头上，使他的位置高一点以便吸吮乳头，但是较大的婴儿应该躺在床上并靠在妈妈的身边。保证妈妈臀部下侧的肌肉扭曲或拉得太紧，因为这样会使奶流减慢。另一种方法就是在妈妈的手臂下垫个枕头，把婴儿放在枕头上，让他的双腿放在妈妈的后方。婴儿面向妈妈的乳房，而手可以托住他的头部。

开始时，妈妈所选择的哺乳姿势可能受到分娩影响，例如，若做过会阴切开术的话，就会觉得坐起来非常不舒服，因此，侧卧哺乳更为适合。同样的，如果做过剖宫产手术，腹部就太柔嫩以致不适宜让婴儿躺在上面，因此要把婴儿的脚放在臂下的位置，或把他放在床上靠在自己身旁的位置哺乳。

母乳喂养需按需哺乳

　　母乳喂养最重要的原则就是按需哺乳。按需哺乳不仅仅适用于新生儿期，也应当在整个婴儿喂养时期。及时、恰当地满足婴儿的需要是养育生理心理都健康的婴儿的必须条件，也是建立母婴之间的信任，为今后对孩子的教育打下了坚实的基础。

　　每个宝宝是如此的不同，基因不同、出生情况不同；而每个妈妈也非常不同，比如乳房大的妈妈，储存能力大，所以喂奶间隔会长些，而乳房小的妈妈，喂奶就需要频繁些。当然无论乳房大小如何，妈妈都能产生充足的乳汁来供给自己的宝宝。因此，每对母亲和婴儿之间的喂奶频率和习惯都会不同。

　　如何按需，绝对不是比照别人的频率和习惯，千万不能听到别人说宝宝多久吃一次奶每次吃多少分钟，或者参照一些书上的平均时间来喂养自己的宝宝。大家的目的都是一样的，就是让自己的宝宝吃到足够的母乳，从而健康的生长。因此，自己的宝宝一定要自己观察和判断，真正了解自己宝宝的需要，根据自己的情况来按需哺乳。

夜间喂奶注意事项

　　婴儿在还没有形成一定的生活规律时，常常需要妈妈夜间喂奶，这样会影响父母的正常休息。夜晚是睡觉的时间，而宝宝却哭着要吃奶，妈妈在半梦半醒中给宝宝喂奶很容易发生意外，所以夜间喂奶要多多注意。

母乳喂养应得当

有些妈妈喜欢躺着给宝宝喂奶，这样是很危险的。因为哺乳期的妈妈都感到疲乏，夜间躺着喂奶时很容易睡着，此时宝宝容易出现溢奶或鼻孔被乳房堵住发生窒息。

正确做法：妈妈一定要坐起来给宝宝喂奶。喂完奶后应竖直抱起宝宝，让宝宝趴在妈妈肩头，轻拍其背部，排出吞入的空气，这样可防止宝宝仰睡时溢奶而导致窒息。

别让宝宝含着奶头睡觉

含着奶头睡觉，既影响宝宝睡眠，也不易养成良好的吃奶习惯，而且容易造成窒息。

正确做法：哺乳结束后，可以抱起宝宝在房间内走动，也可以让宝宝听妈妈心脏的跳动，或者是哼几曲小调让宝宝快速进入梦乡。

避免宝宝着凉

许多宝宝夜间喂奶时，很容易感冒，其实只要妈妈多留心，完全可以杜绝此类现象的发生。

正确做法：妈妈在给宝宝喂奶前，要关上窗户，准备好一条较厚的毛毯，

将宝宝裹好；喂奶时，不要让宝宝四肢过度伸出袖口；喂奶后，不要过早地将宝宝抱入被窝，以免骤冷骤热而增加感冒的几率。

提倡按需喂养

夜里是不需要准点喂奶的，如果宝宝熟睡未醒，可以延长喂奶的时间间隔。宝宝每次醒来，应先判断是不是饿了，而不是马上喂奶。

正确做法：如果宝宝不饿，可以通过抱、拍、换尿布等来分散宝宝的注意力，也可以让宝宝触摸妈妈的乳房，获得一些安全感。

调整夜间哺乳的习惯

宝宝如果有夜间吃奶的习惯，就很难改变。有些宝宝，长到10个月仍然要吃夜奶，这种习惯就更难改了，所以妈妈要在早期使宝宝逐渐形成正常的生活习惯。

正确做法：一般情况下，宝宝6个月后，尽可能让宝宝在早上6点吃第一次奶，夜间10点吃当天的最后一次奶，保证宝宝最后一次尽量吃饱。如果母乳不够，可在最后授乳时增加一点牛奶，然后入睡。这样母子都能得到充足的睡眠，更逐渐改变宝宝夜间吃奶的习惯。

如何判断母乳是否充足

充足的母乳供应才能满足婴儿的生长发育，但往往很难辨别喂养婴儿的母乳是否充足。那么，如何鉴别母乳是否充足呢？一般的辨别方法有以下几种。

观察婴儿的体重：这是判断母乳是否充足最简单的方法。婴儿出生后1周至10天的时间里，体重减少属于生理性体重减少。之后，体重会不断增加。因此，10天以后起每周称一次，将增长的体重除以7得到的值如果在20克以下，则表明母乳不足。体重增长不快，必然是母乳不足所致。尽管如此，在满月以前，尚不必过分忧虑，应该继续观察。如果过1个月后，体重增长情况依然不佳，应及时采取混合喂养。

哺乳时间的长短：正常的哺乳时间每次约为20分钟，如果超过30分钟，婴儿吃奶时总是吃吃停停，而且吃到最后还不肯放开奶头，那么就可以判断母乳不足。

精神状态：如果婴儿总是没精神，睡不好觉，连续好几天便秘或腹泻，那么说明母乳不足。

妈妈的经验判断法：

（1）当母乳充足时，婴儿吃奶可以听到"咕嘟、咕嘟"的咽奶声音。吃奶的婴儿表现得愉快、舒畅、很少哭闹、睡觉踏实、安稳，大便性状是黄色的软便，很少发生消化不良、婴儿体重按规律地增长，这说明母乳是充足的。

（2）当母乳不足时，婴儿吃奶听不到连续的咽奶声音，即使能听见，但咽奶的声音也很小；吮奶时总是吃吃停停，或吃奶中突然放掉奶头哭啼，或吃到最后还不肯放奶头，或刚喂奶不久，婴儿就哭闹起来，喂奶前乳母也没有奶胀的表现，在吸吮后也没有喷奶的感觉，那么说明母乳不足。

 ## 母乳充足的十大妙招

 ### 母婴同床，按需哺乳

乳汁的分泌是通过婴儿吸吮刺激而诱发的泌乳反射和排乳反射的建立，以及母亲体内脑下垂体分泌的泌乳素和催产素共同作用的结果，吸吮刺激越频繁、吸吮力越强，泌乳量就会越多。所以提倡母婴同床，按需哺乳，完全根据婴儿的生理需要想吃就喂，这样有利于母亲乳汁源源不断地分泌，以充分满足宝宝的营养需要。

让宝宝早吸吮、勤吸吮

新生儿出生后半个小时内，就应该吸吮妈妈的奶头，即使没有奶也要吸上几口，尽早建立催乳反射和排乳反射，促使乳汁来得早且多。若开奶迟会增加母乳喂养失败的机会。建议新手妈妈们，一定不要因为刚开始没有乳汁就不让宝宝吸吮奶头，应该让他多多接触乳头，渐渐地宝宝就会学着靠自己的力量去吸吮了。

适当地进补催乳食品

妈妈的乳汁归根结底来源于吃下去的食物，喂奶的妈妈要讲究食谱的科学性。因此，哺乳期间不可偏食。但是，要避免分娩后马上进食猪蹄汤、鲫鱼汤等高蛋白高脂肪饮食，这样会使初乳过分浓稠，引起排乳不畅，分娩后的第一周内食物宜清淡，应以低蛋白、低脂肪的流质为主。此后可适当增加营养，可

根据个人口味、平时习惯，适当多吃一些促进乳汁分泌的食物。

心情愉快，树立信心

乳汁分泌与神经中枢关系密切，过度紧张、忧虑、愤怒、惊恐等不良精神状态可引起乳汁分泌减少。妈妈要保持精神愉快，对母乳喂养抱有信心，注意劳逸结合，保证足够的睡眠和休息，保持心情舒畅。

尽早排空乳房

母亲在每次充分哺乳后应挤净乳房内的余奶。这样做能促进乳汁分泌增多。因为每次哺乳后进行乳房排空能使乳腺导管始终保持通畅，乳汁的分泌排出就不会受阻。乳汁排空后乳房内张力降低，乳房局部血液供应好，也避免了乳导管内过高的压力对乳腺细胞和肌细胞的损伤，从而有利于泌乳和喷乳。

进行适当的乳房护理

妈妈可以在每次哺乳前，用湿热毛巾覆盖在左右乳房，两手掌心按住乳头乳晕，顺时针或逆时针方向轻轻按揉15分钟，通过乳房的按摩能促进催乳素和催产素的分泌，这样可以帮助妈妈的乳汁进入乳窦，促使下奶及减轻乳胀。

双乳交替喂养

在给宝宝哺乳时，左右两侧应该交替进行，并且调整到每次哺乳刚好吸尽双乳奶水时为佳，这样不会因奶水过剩而导致感染的机会增加，也不会出现奶水不足，还可以防治奶水过度分泌导致将来乳房松弛、萎缩。并且可以防止妈妈的两个乳房大小不一。影响美观。

避免摄入过多脂肪

哺乳期女性还要注意避免摄食过过高脂肪的食物，餐饮中尽量把浮油去掉。一些肥胖女性的乳房看似奶水很多，其实都是脂肪。乳房脂肪过多可不是什么好事，可能会导致乳腺堵塞，乳汁流通不畅。并且会造成妈妈以后身材恢复的困难。

使用全棉材质乳罩

奶水的多少和很多因素相关。妈妈应该做好充分的产后乳房保健工作，避免佩戴化纤紧窄乳罩，尽量选择宽松的全棉材质。

避免抽烟和染发

烟草中除有尼古丁外，还有一氧化碳、二氧化碳、吡啶、氢氰酸、焦油等，这些物质可以随着烟雾被吸收到血液中，进入乳汁，从而影响小儿的生长发育。同时孩子在妈妈吸烟时会被动吸烟，容易使呼吸道黏膜受损。染发同样不被允许。现在使用的染发剂烫发剂中含有多种化学成分，会通过乳汁传给宝宝，一般哺乳期建议不要染发烫发。

母乳不足该如何喂养宝宝

母乳不足该如何喂养宝宝呢？选择配方乳喂养效果如何呢？牛奶喂养宝宝到底好不好呢？这是很多家长都很关注的，那么，母乳不足到底该如何喂养宝宝呢？

配方奶粉喂养

在没有母乳或母乳不足的情况下，配方奶粉喂养是较好的选择，特别是母乳化的配方奶粉。

目前市场上配方奶粉的种类繁多，应选择"品牌"有保证的配方奶粉。有些配方奶粉中强化了钙、铁、维生素D，在调配配方奶粉时一定要仔细阅读说明，不能随意冲调。婴儿虽然有一定的消化能力，但调配过浓会增加他消化的负担，冲调过稀则会影响婴儿的生长发育。正确的冲调比例，若是按重量比应是1份奶粉配8份水。若按容积比应是1份奶粉配4份水，按此比例冲调比较方便。

奶瓶上的刻度指的是毫升数，如将奶粉加至50毫升刻度，加水至200毫升刻度，就冲成了200毫升的牛奶，这种牛奶又称全奶。消化能力好的婴儿也可以试喂全奶。

🥣 牛奶喂养

牛奶含有比母乳高3倍的蛋白质和钙，虽然营养丰富，但不适宜婴儿的消化能力，尤其是新生儿。牛奶中所含的脂肪以饱和脂肪酸为多，脂肪球大，又无溶脂酶，难以让新生儿消化吸收。牛奶中含乳糖较少，喂哺时应该加入5%~8%糖，矿物质成分较高，不仅使胃酸下降，而且加重肾脏负荷，不利于新生儿、早产儿、肾功能较差的婴儿。所以牛奶需要经过稀释、煮沸、加糖3个步骤来调整其缺点。

出生后1~2周的新生儿可先喂2∶1牛奶，即鲜奶2份加1份水，以后逐渐增加浓度，吃3∶1至4∶1的鲜奶到满月后，如果孩子消化能力好，大便正常，可直接喂哺全奶。

奶量的计算：婴儿每日需要的能量为100~120kcal/kg，需水分150ml/kg，100ml牛奶加8%的糖可供给能量100kcal。

🥣 羊奶喂养

羊奶成分与牛奶相仿，蛋白质与脂肪稍多，尤以白蛋白为高，故凝块细，脂肪球也小，易消化。由于其叶酸含量低，维生素B_{12}也少，所以羊奶喂养的孩子应添加叶酸和维生素B_{12}，否则可引起巨幼红细胞贫血。

🥣 混合喂养

采用母乳喂养的同时也使用代乳品来喂养婴儿。主要是母乳分泌不足或因其他原因不能完全母乳喂养时可选择这种方式。混合喂养可在每次母乳喂养后补充母乳的不足部分，也可在一天中1次或数次完全用代乳品喂养。但应注意母亲不要因母乳不足而放弃母乳喂养，至少坚持母乳喂养婴儿6个月后再完全使用代乳品。混合喂养比单纯人工喂养好，比人工喂养更有利于婴儿的健康成长。

添加鱼肝油

不论是母乳喂养还是人工喂养的婴儿，如果出生后没有注射过维生素D，在宝宝长到3~4周时应及时添加鱼肝油，以防止佝偻病的发生。由于食物（奶）中含维生素D较少，加之新生儿期基本没有户外活动，孩子接触不到阳光的照射，所以很容易发生佝偻病，出现哭闹、多汗、易惊吓等症状。

目前鱼肝油有两类，一类是普通鱼肝油，它每毫升含维生素D5千国际单位、维生素A5万国际单位，这种鱼肝油长期服用会出现维生素A中毒；另一类是新型鱼肝油，它减少了维生素A的含量，降低了发生维生素A中毒的可能性。不管是哪种鱼肝油都不宜长期服用，因为一旦发生中毒，孩子并无特异性症状，不能早期发现，所以给宝宝服用鱼肝油要适量。

如何选择配方奶粉

什么是配方奶粉

配方奶粉又称母乳化奶粉，它是为了满足婴儿的营养需要，在普通奶粉的基础上加以调配的奶制品。它除去牛奶中不符合婴儿吸收利用的成分，甚至可以改进母乳中铁的含量过低等一些不足，是婴儿健康成长所必需的，因此，给婴儿添加配方奶粉成为世界各地普遍采用的做法。但是任何配方奶也无法与母乳相媲美。

适合宝宝的就是最好的

由于每个宝宝的体质不同，所以奶粉所添加的成分也会不同。无论价格高低，只要宝宝适合、爱吃，吃了以后无不良反应的，就可以给宝宝吃。适合宝宝的奶粉，首先是看宝宝吃了奶粉后，是否便秘、腹泻；体重和身高是否正常增长。若宝宝食用一种奶粉后，睡得香，食欲好，眼屎少，无皮疹，证明这个奶粉适合宝宝。

根据宝宝体质选择奶粉

健康宝宝配方奶粉的选择：适用于一般婴儿的配方奶粉去除了部分酪蛋白，增加了乳清蛋白；去除了大部分饱和脂肪酸，加入了植物油，从而增加了不饱和脂肪酸；配方奶粉中还加入了乳糖，含糖量接近人乳；降低了矿物质含量，以减轻婴幼儿肾脏负担；另外还添加了微量元素、维生素、某些氨基酸或其他成分，使之更接近人乳。

早产儿配方奶粉的选择：早产儿消化系统的发育较足月儿差，需要选择早产儿奶粉，待体重发育至正常（大于2500公克）才可以更换成婴儿配方奶粉，早产儿配方奶粉主要是让早产或低出生体重儿快速而安全成长的一种配方奶粉，早产儿奶粉中添加了脂肪酸，尤其是DHA和ARA，这些成分有助于早产儿的发育。

特殊配方的配方奶粉的选择：主要是针对特殊生理状况的婴儿，需要食用经过特别加工处理的婴儿配方食品。此类配方奶粉，需经医师、营养师指示后，才可食用，依其成分特性又可进一步分为不含乳糖婴儿配方奶粉和水解蛋白配方奶粉，主要是针对一些过敏体质，腹泻的婴儿使用的奶粉。若宝宝对动物蛋白有过敏反应，那么妈妈应选择全植物蛋白的婴幼儿配方奶粉。对缺乏乳糖酶的宝宝、患有慢性腹泻导致肠黏膜表层乳糖酶流失的宝宝、有哮喘和皮肤疾病的宝宝，可以选择脱敏奶粉，又称为黄豆配方奶粉；急性或长期慢性腹泻或短肠症的宝宝，由于肠道黏膜受损，多种消化酶缺乏，可用水解蛋白配

方奶粉；缺铁的宝宝，可以补充高铁奶粉。这些选择，最好应在临床营养医生指导下进行。

了解成分选择配方奶粉

蛋白质：母乳中的蛋白质有27%是α-乳清蛋白，而牛奶中的α-乳清蛋白仅占全部蛋白质的4%，a-乳清蛋白能提供最接近母乳的氨基酸组合，提高蛋白质的生物利用度，减少蛋白质的总量，从而有效地减轻肾脏的负担。

DHA和ARA：奶粉中DHA的成分是二十二碳六烯酸，又称脑黄金；ARA的成分是花生四烯酸。DHA、ARA属多元不饱和脂肪酸，对婴儿脑部及视力的发育有重要作用。

维生素D、钙、磷：钙磷比例为2∶1，同时添加维生素D，促进钙的吸收，但配方奶粉中并非添加元素越多就越好。

核苷酸：吃母乳的婴儿抵抗力好，因为母乳中含有重要的物质——核苷酸。

亚油酸、亚麻酸：吃母乳的宝宝聪明活泼，是因为宝宝合成了足够的DHA和ARA。如果宝宝的奶粉中含有充足的亚油酸和亚麻酸，就可以在体内根据宝宝的需要，自然合成DHA和ARA，让宝宝脑部发育得更好。

不含棕榈油：一般来说，吃母乳的孩子大便稀糊，不是很干硬。最近科学研究发现，影响宝宝钙质吸收、大便干燥的原因是因为奶粉中添加的棕榈油与钙质结合，形成了钙皂，证明了不含棕榈油的配方奶粉钙质吸收更好、宝宝骨骼更强壮。

不同阶段选择不同奶粉

市场上的奶粉种类繁多，常常会使新手父母不知该如何选择。到底哪种奶粉是最适合宝宝的呢？根据婴儿所处的不同阶段和不同状况，专家提出以下的建议，以供家长在选购奶粉时作为参考。

1 0~6个月的婴儿，应选择最接近母乳成分的配方奶粉

对于0~6个月的婴儿，由于他们的吞咽反射不健全，淀粉酶较少，胆汁也少，所以，除了母乳以外，最理想的食品是不含淀粉、蛋白质适量（蛋白质含量过多既不利于消化，又会加重肾脏的负担，还可能导致过敏）、含容易消化吸收的脂肪的婴儿配方奶粉。你应该选购包装上标明"0~6个月婴儿适用"或"初生婴儿适用"或"第Ⅰ阶段"字样的婴儿配方奶粉。在众多第一阶段婴儿奶粉品牌中，你还要仔细阅读包装上的成分说明，应选择最接近母乳成分的那种婴儿配方奶粉。

具体地说，每100毫升奶液中：热卡接近66.7Kcal；蛋白质1.5克（牛奶中蛋白质含量过高，约超过母乳的2倍）；乳清蛋白60%；酪蛋白40%（酪蛋白过高，易导致婴儿消化吸收不良）；脂肪3.7克；亚油酸和亚麻酸的比例为10∶1（该比例较适合婴儿脑组织的发育）；碳水化合物6.9克；矿物质0.3克（矿物质过高会损害婴儿稚嫩的肾脏）；钙与磷比例以1.5∶1~1.8∶1为宜。

2 6~12个月的婴儿，应提供足够的蛋白质、矿物质和热能，以保证婴儿生长发育所需要的营养素

6~12个月的婴儿适应能力、脏器功能较初生婴儿增强了许多，所需热能和其它营养素也多于初生婴儿。所以，你应该选择标有"适用于6个月以上婴儿"或"第Ⅱ阶段"或"较大婴儿及幼童适用"的奶粉。该种奶粉的热能、蛋白质、碳水化合物及矿物质含量均稍高于"第Ⅰ阶段"的配方奶，但乳清蛋白与酪蛋白的比例大约降为50：50，亚油酸与亚麻酸的比例也有所下降（从10：1降至8：1左右）。还添加了乳脂，以增加胆固醇。新鲜牛乳仍不太适合该时期的婴儿，因为新鲜牛乳中蛋白质、矿物质含量对他们来说偏高。

3 1岁以上幼儿，奶类应由全营养功能性食品过渡到提供钙源和蛋白质的食品

1岁以上的幼儿，机体功能进一步增强，固体食物的种类和数量不断增加，奶类食品退居二线。此时，奶类由全营养功能性食品逐步向以提供钙源、蛋白质食品为主的方面转移。该时期的幼儿，完全可以饮用消毒全乳。也可以沿用第二阶段奶粉或"成长奶粉"、"助长奶粉"等等。

看产品包装选择奶粉

产品说明： 无论是罐装奶粉还是袋装奶粉，包装上都会就其配方、性能、适用对象、使用方法作必要的文字说明，妈妈通过浏览说明，可以判断该产品是否符合自己的购买要求。配方奶粉中最重要的就是其中的组成成分，什么阶段添加什么成份，应该添加多少，成份之间量的比例是多少等等，都需要专家严格按照规定配制。所以选择奶粉的时候，最好选择专门配制婴儿奶粉的厂家。由于配方奶粉的基础粉末是从牛奶中提取的，奶源的好坏就非常重要了。奶牛的健康与否直接影响奶源的质量，建议妈妈选择奶粉的时候，最好了解一下奶源的出处。如果来自大草原，在良好环境中生长的奶牛就是最佳奶源了。

生产日期和保质期： 一般罐装奶粉的生产日期和保质期分别标示在罐底或者罐体上，袋装奶粉的生产日期和保质期分别标示在包装袋的侧面或者封口的地方。消费者如果查对生产日期和保质期可以判断该产品是否在安全使用期内，从而避免购进过期

变质的产品。配方奶粉一般有共4种保质期：马口铁罐密封克氮包装的保质期限为2年；菲克氮包装的为1年；瓶装为9个月；袋装的为6个月。

有无漏气：无论是罐装奶粉还是袋装奶粉，生产厂家为了延长奶粉的保质期，通常都会在包装物内填充一定量的氮气。罐装奶粉密封性能比较好，氮气不容易外泄，能有效地遏止各种细菌的生长。选购袋装奶粉的时候，双手挤压一下，如果漏气，漏粉或袋内根本没有气体，说明该袋奶粉已经存在着质量问题。

有无块状物体：一般可以通过摇动罐体判断，奶粉中若有结块，有撞击声则证明奶粉已经变质，不能食用。袋装奶粉的鉴别方法则是用手去捏，如手感松软平滑内容物有流动感，则为合格产品。如手感凹凸不平，并有不规则大小块状物则该产品为变质产品。

 # 配方奶粉的正确喂养

在给宝宝喂奶粉前，还要仔细观察一下奶粉是否是正品，有没有变质，主要可以从以下几个方面来观察。

看颜色：奶粉应该是白色略带淡黄色，如果色深或带有焦黄色则为次品。

闻气味：奶粉应该是带有轻淡的乳香气，如果有腥味、霉味、酸味，说明奶粉已经变质。若有脂肪酸败味，主要是奶粉加工时杀菌不彻底；若有脂肪氧化味，主要是奶粉中的不饱和脂肪酸氧化所致；若有陈腐气味和褐变，则是奶粉受潮所致。

凭手感：用手捏奶粉时应该是松散柔软。如果奶粉结了块，一捏就碎，是受了潮。若是结块较大而硬，捏不碎，说明已变质。塑料袋装的奶粉用手捏时，感觉柔软松散，有轻微的沙沙声；玻璃罐装的奶粉，将罐慢慢倒置，轻微振摇时，罐底无粘着的奶粉。

水冲调：奶粉用开水冲调后放置5分钟，若无沉淀说明质量正常。如有沉淀物，表面有悬浮物，说明已经变质，不要给宝宝吃。

配方奶粉的冲调方法

1.冲调配方奶粉的水必须完全煮沸，不要使用电热水瓶热水，因为其未达到沸点或煮沸时间不够。

2.冲泡的水必须调至适当的温度，并将水滴到手腕内侧，感觉与体温差不多即可。因为水温过高，会使奶粉中的乳清蛋白产生凝块，影响消化吸收。另外，某些对热不稳定的维生素将被破坏，特别是有的奶粉中添加的免疫活性物质会被全部破坏。

3.不要用纯净水或矿泉水冲奶粉。纯净水失去了普通自来水的矿物元素，而矿泉水由于本身矿物质含量比较多，而且复杂。最好将自来水煮沸后，放凉至40℃左右，再用来冲奶粉。

4.冲调的奶粉量及水量必须按罐上指示冲泡，奶水浓度过浓或过稀，都会影响宝宝的健康。浓度不能过高。奶粉中含有钠离子，需要加足量水稀释。如果奶粉浓度过高，婴儿饮用后，会增加血管壁的压力，增加胃肠消化能力和肾脏的排泄能力的负担，甚至发生肾功能衰竭。有的妈妈觉得奶粉量多宝宝可以吃得饱，其实不然。相反，奶粉冲得太稀也不行，那样会导致蛋白质含量不足，同样也会引起营养不良。

5.泡好的奶粉在没吃过的情况下，常温存放不能超过2个小时。不要放在温奶器里，温奶器里的温度高过常温，若放在冰箱冷藏，则不能超过24小时。吃过了剩下的应丢弃，不能再吃。

6.冲调好的奶粉不能再煮沸，那样会使蛋白质、维生素等营养物质的结构发生变化，从而失去原有的营养价值。宝宝再喝这样的奶水，多获得的营养也会大打折扣。

配方奶粉的储存

奶粉罐被打开后，要储存在阴凉、干燥的地方。

罐装奶粉，每次开罐使用后务必盖紧塑料盖。如果每次取完奶粉后把铁罐盖好，反过来扣着，奶粉会把盖口封住，能保存较长的时间。

袋装奶粉每次使用后要扎紧袋口，常温保存。为便于保存和取用，袋装奶粉开封后，最好存放于洁净的奶粉罐内，奶粉罐使用前要用清洁、干燥的棉巾擦拭，勿用水洗，以免生锈。如果使用玻璃容器盛装，最好是有色玻璃，切忌用透明瓶子。因为奶粉要避光保存，光线会破坏奶粉中的维生素等营养成分。

当打开了婴儿奶粉罐后，请在一个月内食用。如果打开一个月后，仍有奶粉剩余的话，就应该把它扔掉。

奶粉喂养的用量

当完全用奶粉喂养婴儿时，应当计算奶粉的用量。在此介绍一种简单的计算方法：按婴儿体重来计算，1千克体重每月供给全脂奶粉500克，如果一个婴儿体重6千克，每月应当供给奶粉3000克，约相当于市售奶粉6袋。可以选择婴儿配方奶粉或者全脂奶粉。当去商店购买奶粉时，最好认真阅读一下奶粉的产品说明书。

每次该喂的奶量一般可以这样来计算，婴儿每日每千克体重需要热能约418~500千焦。加了5%~8%糖的牛奶，100毫升可以提供热量418千焦，因此，婴儿每日每千克需要吃含糖5%~8%的牛奶100~120毫升。根据这个量可以计算出孩子一日所需牛奶的总量，再平分6~8次，就可以知道每次喂牛奶的量了。这里需要注意一点，每个宝宝的食量是不同的，也不是固定不变的，父母应根据自己宝宝的具体情况，灵活掌握食量，吃饱为宜。

宝宝每日牛奶喂养的用量及次数参考表

年龄	每次喂哺牛奶量（毫升）	喂哺次数
1~3天	15~30	7~10
4~7天	60~70	7~8
2~3周	80~90	6~7
3周~1个月	90~120	6~7
1~3个月	120~150	5~6
3~6个月	150~210	4~6
6~12个月	210~240	3~4

选择合适的奶具

 奶瓶

观察透明度：无论是玻璃还是PC（聚碳纤维）材质的奶瓶，优质的透明度都是很好的，可以看清瓶内的奶或水，瓶子上的刻度也都十分清晰、标准。

测试硬度：优质的奶瓶硬度高，手捏也不会变形，质地过软的奶瓶，在高温消毒或是注入热水的时候会变形产生有毒的物质。

闻气味：劣质的奶瓶，打开能闻到一股异味，而合格的奶瓶是不会有的。

另外，还要看看奶瓶的商标是否清晰，质检标识和出场合格证是否齐全，选择正规的厂家且口碑好的产品才能更安全。

 消毒锅

清洁完奶瓶，应该再进行消毒，以保证卫生、安全。一般，奶瓶的消毒方式分为煮沸法和蒸汽式两种。

1 煮沸式消毒

（1）准备一个不锈钢的煮锅，装满冷水，水的深度要完全覆盖奶具。注意：锅子必须是消毒奶瓶专用的，最好不要和家里其他烹调食物的混用。

（2）把奶嘴和奶瓶盖拿下后，将奶瓶放入锅子，煮沸。注意：塑料奶瓶最好放进煮沸的水里，玻璃奶瓶则可以放在没有煮沸的水里。

（3）水烧开后5~10分钟再放进奶嘴、瓶盖等，盖上锅盖再煮3~5分钟关火。塑料奶瓶不宜烧太久，所以水滚后立刻放进奶嘴等再煮3~5分钟即可。

（4）水凉了以后，用奶瓶夹取出奶嘴、瓶盖等，放在干净的器皿上倒扣晾干，放置在通风、干净的地方，盖上纱布或盖子。

2 蒸气式消毒

目前市面上有很多电动蒸汽锅，妈妈可以按照自己的需求来选择。消毒方法治要遵照说明书来操作就行了。需要注意的是，使用蒸汽锅消毒前，要先吧奶瓶、奶嘴、奶瓶盖等物品彻底清洁。

在购买的奶瓶的时候，妈妈要注意奶瓶上的耐温标示，如果不耐高温的话，最好还是使用蒸汽锅来消毒。

 奶嘴

1 奶嘴材质

乳胶：天然橡胶，富有弹性，很柔软，宝宝吸吮起来的口感更接近于妈妈的乳头。缺点是奶嘴边缘软，旋紧的时候容易脱位，容易渗漏。而且有橡胶特有的气味，有些宝宝可能不喜欢。

硅胶：合成橡胶。比起乳胶，比较硬，但不易老化、抗热、抗腐蚀，无味无臭。虽然没有渗漏的问题，但有的宝宝吸吮时可能会产生排异感。

2 奶嘴形状

大拇指形：根据宝宝吸吮时妈妈乳头被挤压后的形状来设计的，接近乳首的感觉，宝宝的接受度更高。奶嘴孔宝宝的吸吮力和吸吮方式各有不同，不同形状的奶嘴孔，奶液的流速也会不同，适合不同的宝宝。

圆孔型：圆孔型奶嘴的孔型大小一般分为S、M、L三种。小圆孔适合喝水，中圆孔适合喝奶，大圆孔则更适合用来喝米糊等辅食。

十字形：十字形孔型可以根据宝宝的吸吮力来控制奶水的流量，不容易漏奶，孔型偏大的可以用来喝果汁、米粉或其它粗颗粒饮品。适合各个年龄段的宝宝。

Y字型：奶水流量稳定，能避免奶嘴凹陷。就算宝宝用力吸吮，吸孔也不会裂大。孔型较大，可以在添加辅食时使用。适合习惯用奶瓶喝奶2～3个月以上的宝宝。

 # 配方奶的换奶方式

 普通配方奶的换奶方式

母乳换配方奶粉：婴儿配方奶粉多以牛奶为基质，以母乳化为设计理念，但母乳化的婴儿配方奶粉仍然不含可帮助宝宝消化的酵素，故母奶要换成婴儿配方奶粉时，每次以一小匙婴儿配方奶粉（即30毫升）的量开始测试，若无不良反应，即可一小匙一小匙逐渐增加至全量，所以宝宝可以同时母乳与婴儿配方奶粉交替食用而不致有不良反应。

不同配方奶粉的更换：换奶的基本原则为减少一小匙原配方奶粉，改成新配方奶粉一小匙，若宝宝没有不良反应即可再更改第二小匙。通常换奶造成不适症状以腹泻最多，但多是因为奶粉浓度冲泡不当所造成，所以换奶时也应仔细阅读罐装标示；其次为过敏，如皮肤痒、红疹等现象，若新更换的奶粉与原配方成份相差太大，才会出现此现象。

 特殊奶粉换奶方式

早产儿奶粉：早产儿奶粉适用于早产儿或低体重儿，当早产儿的体重发育至正常（大于2500千克）才可更换成婴儿配方奶粉，原奶粉每次减少一匙，改成添加婴儿配方奶粉一匙，直至完全更换成功。

水解蛋白配方奶粉：水解蛋白配方奶粉又称为腹泻奶粉，营养成份已经事先水解过，食入后不需经由宝宝的肠胃消化即可直接吸收，故此配方奶粉含渣量少或无渣，可减少宝宝的粪便量，多使用在急性或长期慢性拉肚子，以致在肠道酵素黏膜层受损，多种消化酵素缺乏之宝宝等。可直接停用原配方奶粉，更换成腹泻奶粉，相同的腹泻奶粉要换回一般婴儿配方奶粉时，则需采用渐进式换奶方式。

免敏配方奶粉：免敏配方奶粉又称为黄豆配方奶粉。不含乳糖，专门为天生缺乏乳糖酶的宝宝及慢性腹泻导致肠黏膜表层乳糖酶流失的宝宝而设计。宝宝在拉肚子时可停用原配方奶粉，待腹泻改善后，仍需以渐进式添加奶粉方式进行换奶。

第 **2** 章

4~6个月：
初尝辅食的适应期

第4个月 宝宝喂养方案

身体发育及营养需求

 宝宝身体发育指标

项目／性别	男宝宝	女宝宝
身高	59.7～69.3厘米， 平均64.5厘米	58.5～67.7厘米， 平均63.1厘米
体重	6.8～9.0千克， 平均7.4千克	5.3～8.3千克， 平均6.8千克
头围	39.6～44.4厘米， 平均42.0厘米	38.5～43.3厘米， 平均40.9厘米
胸围	38.3～46.3厘米， 平均42.3厘米	37.3～44.9厘米， 平均41.1厘米
囟门	2.5厘米×2.5厘米 （两对边中点连线）	2.5厘米×2.5厘米 （两对边中点连线）

宝宝身体发育特点

1 动作发育

　　这个月龄的宝宝口水会流得更多，微笑的时候会唾涎不断。如果仰卧在床上，宝宝已经能够自如地变为俯卧位。坐位时，背会挺得很直。当家人扶宝宝站立时能够直立。在床上翻身变俯卧位后，很想往前爬，但由于腹部还不能抬高，所以爬行会受到一定的限制。

　　这个月龄的宝宝会用一只手去够自己想要的玩具，并且能够抓住玩具，但准确度还不够，往往一个动作需要反复好几次。给宝宝洗澡时，他会很听话，还会打水玩儿。

　　宝宝还有一个特点，就是会不厌其烦地重复某一个动作，经常故意把手中

的东西扔到地上，捡起来又扔，可以反复到20多次。也常常会把一件物体拉到身边，推开，再拉回，反复动作，这是宝宝在显示自己的能力。

2 感觉发育

　　宝宝会用表情表达自己的想法了，能区别亲人的声音，能识别熟人和陌生人，会对陌生人做出躲避的姿势。

3 睡眠

　　宝宝每昼夜要睡15~16个小时，夜间睡10小时，白天睡2~3觉，每次睡2~2.5小时。白天活动持续时间延长到2~2.5小时。

　　4~5个月龄的宝宝睡眠明显减少，玩的时候多了。如果家人用手扶着宝宝的腋下，宝宝就能站直。宝宝可以用手去抓悬吊着的玩具，会用双手各握一个玩具。如果叫到名字，宝宝懂得对着叫自己的人笑。在仰卧的时候，双脚会不停地踢蹬。这时的宝宝喜欢和人玩捉迷藏、摇铃铛，还喜欢看电视、照镜子，对着镜子里的人笑。不会用东西对敲。宝宝的生活丰富了许多。

4 防疫提示

　　这个月要第3次服用小儿麻痹糖丸，注射第2针百白破混合制剂。

4个月宝宝营养需求

从乳类中获得所有的营养

4个月的宝宝仍然能够从母乳中获得所需要的营养，每天所需要的热量为每千克95千卡左右。母乳喂养充足的宝宝不用添加任何辅食，仅喂些鲜果蔬汁就可以了。

4个月的宝宝对碳水化合物的消化吸收还是比较差的，对奶的消化吸收能力强，对蛋白质、矿物质、脂肪、维生素等营养成分的需求可以从乳类中获得。

给宝宝补充铁质

4个月的宝宝容易出现缺铁性贫血，妈妈要适量给宝宝补充铁剂，可以给宝宝含铁的米粉、米汤、果蔬汁等富含铁的辅食，但有的宝宝不能耐受这些食物，所以，应该注意一种一种的从少量开始添加。

喂养禁忌：不宜过早喂蛋清

宝宝半岁前消化系统发育还不完善，肠壁的通透性较高，这时不宜喂蛋清。鸡蛋清中的蛋白分子较小，有时能通过肠壁直接进入婴儿血液中，使婴儿机体对异体蛋白分子产生过敏反应，导致湿疹、荨麻疹等疾病。因此，半岁前的宝宝不能喂蛋清，应只吃蛋黄。建议父母在宝宝1岁以后开始喂食蛋清，不能让宝宝养成不吃蛋清的习惯。

宝宝辅食添加的要点

4个月的宝宝的营养需求会进一步增加，这时候母乳可能不能完全满足宝宝的营养需求，所以就可以适当地给宝宝添加一些辅食。4个月的宝宝体内的铁、钙、叶酸和维生素等营养元素会相对缺乏，在添加辅食时，应注意适当的添加含有这类营养成分的辅食。

好妈妈须知

给宝宝添加辅食时要循序渐进。每添加一种，第1天喂1勺、2勺，然后逐渐加量至半碗。需要7天的适应观察期，等宝宝完全习惯后，再添加下一种食物。添加辅食后，要注意观察宝宝的大便情况，如有异常要暂缓添加；当宝宝生病或天气炎热时，也应暂缓添加辅食。

 营养小窍门

给宝宝做果汁和果泥时，要选择果肉多、纤维少的水果给宝宝吃。如果宝宝出现腹泻的情况，则不应喂宝宝吃香蕉果泥，以免加重腹泻。

 贴心提示

制作辅食时要保证清洁与卫生，宝宝的辅食以流食、半流食为宜，最开始时应加工得越细越小越好，随着宝宝不断的适应和身体发育，辅食的制作再逐渐变粗变大。如果开始做得过粗过大，会使宝宝不易适应并产生抗拒心理。

 小贴士

给宝宝做辅食时要选择健康的食材

一定要注意新鲜，最好是当天买当天吃。存放过久的食物不但营养成分容易流失，还容易发霉或腐败，使宝宝染上细菌和病毒，有的还会产生毒素，危害宝宝的健康。另外就是注意选择皮、壳比较容易处理的食物，尽量减少使宝宝摄入残留农药和其他致病原的机会。

在烹饪的过程中要尽量采用自然食物，最好不要加调味料，香料、味精及刺激性强的调味料更是严禁使用。像蛋、鱼、肉、肝等食材一定要煮熟，并且要注意去掉不容易消化的皮、筋，挑干净碎骨及鱼刺。宝宝的食物里面尽量少放盐，不要放糖，并且不能太油腻。

0~1岁的宝宝消化系统发育还不完全，免疫力也比较低，妈妈们在给宝宝制作辅食的时候一定要特别小心，尽量避免一切使宝宝的肠胃受伤害的因素。

专家解疑

钙与奶粉能同时服用吗？

婴儿时期宝宝的骨骼增长得很快，是人体生长发育最快的阶段。因此，适量补充钙制剂和维生素D对预防小儿佝偻病显得尤为重要。根据世界卫生组织的规定：人工喂养的婴儿应在出生2周后开始补充鱼肝油和钙剂；母乳喂养的婴儿可在出生3个月以后补充钙剂。

需要注意的是，钙剂不能加入奶粉中服用，因为钙在奶粉中易形成不能被身体吸收的钙盐沉淀，所以，在给宝宝补充钙剂时，可以用小勺将用水化好的钙剂直接喂入婴儿口中。

一日食谱推荐

上午	6：00	母乳或配方奶100~180毫升
	9：00	婴儿营养米粉、菜泥、果泥、蛋黄等20~30克
	12：00	母乳或配方奶100~180毫升
下午	15：00	母乳或配方奶100~180毫升
	18：00	菜泥、果泥、鱼泥、蛋黄等20~30克
晚上	21：00	母乳或配方奶100~180毫升
	24：00	母乳或配方奶100~180毫升
每天给宝宝喂1次适量鱼肝油，并保证饮用适量白开水		

第4个月 宝宝营养食谱

 米糊

原料：大米15克，清水120毫升。

做法 ....

1. 大米洗净，用温水浸泡2个小时。

2. 把泡好的大米放入研磨器中，加少许水，研磨成细腻的米浆。

3. 把米浆倒入奶锅中，加入约8倍的清水，小火慢慢加热。

4. 其间用勺子不停搅动米浆，避免糊锅。待米浆沸腾后，再继续煮2分钟即可。

含铁米粉

原料：婴儿专用含铁米粉少许。

做法 ....

选用专为小婴儿配制的含铁米粉，按配方加温水调匀，用小勺喂食。

注意：不必把冲调的米粉再烧煮，否则米粉里的水溶性营养物质容易被破坏。

 青菜水

原料：青菜50克（油菜、白菜均可），清水50克。

做法 ....

1. 将菜洗净，切碎。

2. 将不锈钢锅(不要用铁、铝制品)放在火上，加水烧沸。

3. 放入碎菜，盖好锅盖烧开煮2~3分钟，将锅离火，再焖10分钟，滤去菜渣留汤即可。

小米大枣汤

原料： 大红枣（干）5枚，小米少许。

做法

1.将大红枣（干）浸软洗净，掰开去掉枣核备用。

2.将掰开的红枣与淘洗干净的小米一起加水煮成稠粥，按需取粥汤喂食宝宝。

核桃汁

原料： 核桃仁100克，清水适量。

做法

1.将核桃仁放入温水中浸泡5~6分钟后，去皮。

2.用多功能榨汁机磨碎成浆汁，用干净的纱布过滤，使核桃汁流入小盆内。

3.把核桃汁倒入锅中，加适量清水，烧沸即可。

苹果汁

原料： 熟透的苹果半个，温开水适量。

做法

1.苹果洗净之后切成两半。将苹果皮、核去掉，用擦菜板擦好。

2.用纱布挤出汁液，用适量温开水冲调后即可饮用。

果蔬水

原料： 白菜、萝卜、苹果、山楂各20克。

做法

1.将白菜、萝卜、苹果、山楂在淡盐水中浸泡15分钟，洗净。

2.将白菜、萝卜、苹果、山楂等切成小丁，加入清水煮沸，滤去固体物，凉后喂食即可。

玉米汁

原料： 新鲜玉米1根。

做法

1.将玉米煮熟，晾凉后把玉米粒掰到器皿里。

2.按1：1的比例，将玉米粒和温开水放到榨汁机里榨汁即可。

南瓜汁

原料：南瓜100克，温开水适量。

做法

1.南瓜去皮、去瓤，切成小丁，蒸熟，然后将蒸熟的南瓜用勺压烂成泥。

2.在南瓜泥中加入适量温开水，稀释调匀后，放在干净的细漏勺上过滤一下，取汁喂食即可。

大米汤

原料：大米100克。

做法

1.大米淘洗干净后，加水大火煮沸，调小火慢慢熬成粥。

2.粥煮好后，放3分钟，用勺子舀取上面不含饭粒的米汤，放温后即可喂食。

番茄汁

原料：番茄1个，温开水适量。

做法

1.将成熟的新鲜番茄洗净，用开水烫软后去皮切碎，再用清洁的双层纱布包好，把番茄汁挤入小盆内。

2.取番茄汁，再用等量温开水冲调后即可饮用。

黄瓜汁

原料：黄瓜半条，温开水适量。

做法

1.将黄瓜去皮，用擦菜板擦好。

2.用纱布挤出汁液，用适量温开水冲调后即可饮用。

蜜桃汁

原料: 水蜜桃半个,温开水1杯。

做法

1.用牙刷将水蜜桃表皮轻刷,并用清水充分洗净。

2.削去果皮,去核后切块,放入果汁机中,加入冷开水搅拌均匀,使纤维细化。

3.将双手洗净,用干纱布过滤纤维,将果汁挤出后倒入温开水,搅拌均匀即可。

香瓜汁

原料: 新鲜香瓜1/2个,清水适量。

做法

1.将香瓜洗净,去皮、去子,切块。

2.将香瓜块放入榨汁机中,加水搅拌榨汁,倒出沉淀后滤渣即可喂食。

雪梨汁

原料: 雪梨1个,纯净水适量。

做法

1.雪梨洗净,去皮、去核,切块。

2.将雪梨块放入榨汁机中,加入适量纯净水,榨汁打匀即可。

山楂汁

原料: 山楂果50克,开水150克。

做法

1.山楂洗净切片,放入盆内。

2.将开水沏入盆内,盖上盖焖10分钟,至水温下降到微温时,把山楂水盛入杯中,加入适量温开水,搅匀即可。

小白菜汁

原料：小白菜250克，纯净水适量。

做法

1.小白菜洗净，切段，放入沸水中焯烫至九成熟。

2.将小白菜段放入榨汁机中，加适量纯净水榨成汁，过滤后即可饮用。

橘子汁

原料：橘子1个，水适量。

做法

1.将橘子的外皮洗净，切成两半。

2.将两半橘子置于挤汁器盘上旋转几次，果汁即可流入槽内，过滤后即成。

3.每个橘子约得果汁40毫升，饮用时加1倍水即可。

蔬菜米汤

原料：大米2大匙，土豆1/5个，胡萝卜1/10个。

做法

1.将大米淘净并用水泡好；土豆和胡萝卜洗净切成小块。

2.将大米和切好的蔬菜倒入锅中加适量的水煮。

3.将煮好的材料过滤一遍，只留米汤，微温时即可喂食。

葡萄汁

原料：新鲜紫葡萄10粒。

做法

1.将葡萄多洗几遍洗净，煮烂并去皮、去蒂。

2.再将葡萄倒入榨汁机榨取汁液即可。

甜瓜汁

原料：甜瓜1/8个，温开水适量。

做法

1.将甜瓜去皮并将瓤剜出之后切成小块。

2.用勺子将甜瓜捣碎，在纱布里挤出甜瓜汁。

3.在甜瓜汁中加入适量温开水，冲调后即可饮用。

生菜苹果汁

原料：生菜50克，苹果1个，柠檬1/2个，纯净水适量。

做法

1.生菜洗净，切成块；苹果洗净，去皮，切成细条；柠檬洗净，去皮，切成块。

2.将生菜块、苹果条、柠檬块加入1/2杯纯净水，一起放入榨汁机中打匀，过滤出汁液来即可给宝宝食用。

胡萝卜汤

原料：胡萝卜50克，清水50克。

做法

1.将胡萝卜洗净，切成碎末，放入不锈钢锅（不要用铁、铝制品）内。

2.加入水，上火煮沸约2~3分钟，用纱布过滤去渣即可。

绿豆汤

原料：绿豆100克。

做法

1.绿豆洗净，放入锅中加水煮沸。

2.大火煮至汤汁基本干时，加入沸水，小火煮25分钟左右，过滤取汤汁即可。

豆腐拌沙拉酱

原料： 捣碎的豆腐1大匙，沙拉酱1小匙，煮熟的蛋黄1/4个。

做法 ·············

1.豆腐用开水烫1分钟左右，捞起来滤干再捣碎。

2.把沙拉酱加入捣碎的豆腐里，充分拌匀。

3.把捣碎的熟蛋黄倒在上面。

白薯泥

原料： 白薯100克，配方奶、柠檬汁各适量。

做法 ·············

1.将白薯去皮、洗净，切成小块，放入锅内，加适量水煮30分钟。

2.沥去水分，放入搅拌机内或用勺挤压碎，加入冲调好的配方奶和几滴柠檬汁，搅成泥，倒入盘内即可喂食。

草莓麦片粥

原料： 草莓3个，麦片50克。

做法 ·············

1.将水加入锅内烧开后，下入麦片煮2~3分钟。

2.将草莓用勺子背研碎，然后放入锅内，边煮边与麦片混合，片刻即成。

胡萝卜汁米粉

原料： 胡萝卜30克，米粉30克。

做法

1.胡萝卜洗净切丁，放入少许清水中烧开，转小火将胡萝卜煮软至汤汁变红，过滤出汁液。

2.把胡萝卜汁稍微凉凉，用来冲调米粉，放到温热时给宝宝喂食。

 什锦果泥

原料： 香蕉1根，哈密瓜、番茄各适量。

做法

1.将所有材料洗净去皮。

2.用汤匙刮取果肉，然后压成泥。

3.将所有果泥搅拌均匀即可。

核桃仁豌豆泥

原料： 新鲜豌豆50克，核桃仁50克，藕粉50克，植物油适量。

做法

1.豌豆用水煮烂，盛出，去皮后捣碎成细泥，放入冷水中调成稀糊状。

2.核桃仁用开水稍烫一会儿，剥去皮，用温热油炸透捞出，待稍凉后，剁成细末；锅内入水烧开，加入豌豆泥，搅匀，煮开后，将调好的藕粉缓缓倒入，调成稀糊状，撒上核桃仁末即可。

猕猴桃汁

原料： 猕猴桃2个，温开水适量。

做法

1.将猕猴桃去皮，切成小块。

2.将猕猴桃块放入榨汁机中，加适量水搅拌榨成汁，即可饮用。

 **第5个月** **宝宝喂养方案**

 ## 身体发育及营养需求

 宝宝身体发育指标

项目／性别	男宝宝	女宝宝
身高	61.6~71.0厘米， 平均66.3厘米	60.4~69.2厘米， 平均64.8厘米
体重	6.1~9.5千克， 平均7.8千克	5.7~8.8千克， 平均7.2千克
头围	40.4~45.2厘米， 平均42.8厘米	39.4~44.2厘米， 平均41.8厘米
胸围	39.2~46.8厘米， 平均43.0厘米	38.1~45.7厘米， 平均41.9厘米
囟门	前囟2.5×2.5厘米	前囟2.5×2.5厘米
牙齿	平均0~2颗	平均0~2颗

宝宝身体发育特点

5个月的宝宝，大部分能够从仰卧翻身变成侧卧或俯卧，可靠着坐垫坐一会儿，坐着时候直腰，大人扶着，能站住，能拿东西往嘴里放，会发出一两个辅音。

5个月的宝宝喜欢玩"藏猫猫"的游戏，能被妈妈、爸爸逗藏的游戏逗得很开心，还会"咯咯"地笑出声来。宝宝常常会把玩具拿在手上摇着玩，还喜欢摸东西，敲打东西。宝宝会望着镜子中的自己微笑，还会看电视。

1 视觉

5个月的宝宝视觉又有了进一步的发展，眼睛能够随着活动的玩具移动，玩具掉到地上，宝宝会用目光追随掉落的玩具。这时的宝宝看见东西后，就会想去抓，手眼动作变得比较协调。还能注意到远距离的物体，如街上的汽车和行人等。

2 听觉

5个月的宝宝听觉更加灵敏，对许多声音都能做出反应。宝宝能很熟练地分辨出亲人的声音，根据声音，能很快地找到爸爸妈妈。宝宝喜欢听节奏性强的歌，虽然听不懂歌词的意思，但是喜欢听音乐和节奏。

3 情绪

5个月的宝宝已经有情绪，能够因为需要是否得到满足而表现出喜、怒、哀、乐等各种情绪。例如，当宝宝正在喝奶的时候，突然拿走，宝宝就会用哭闹来表达生气和不满的情绪。

4 记忆力

5个月的宝宝记忆力逐渐增强，懂得用视力去寻找掉到地上的玩具，不过，当新的玩具出现在眼前时，就会很快忘掉刚才正在玩的玩具。

5个月宝宝营养需求

5个月的宝宝对营养的需求较之以前没有太大的变化，每日需要的热量为每千克95～100千卡。

5个月的宝宝可以适量添加辅食，不是因为母乳营养不足，也不是用辅食来代替牛乳。这个月添加辅食的目的是为了让宝宝适应吃乳类以外的食物，刺激宝宝味觉的发育。宝宝如有吃母乳以外食物的欲望，能为半断母乳做好准备，也为宝宝出牙、吃固体食物做准备，还能锻炼宝宝的吞咽能力，促进咀嚼肌的发育。

 喂养禁忌：不能给婴儿食用蜂蜜

目前国内和国际上的营养专家认为：不能给1岁以前的宝宝吃蜂蜜，1岁以后的宝宝如有特殊需要可以吃一点。这是因为，蜂蜜中可能含有肉毒杆菌，6个月以内的宝宝容易被感染，而出现中毒症状，比如便秘、疲倦、食欲减退等。宝宝在1岁以内，消化系统都在不断的成熟中，为了防止类似的中毒症状，医生还是建议：在孩子满1岁以前，不要给他吃蜂蜜及其制品。

另外，蜂蜜中还可能含有一定雌性激素，如果宝宝长时间食用，可能会导致提早发育。所以即使是1岁以上的宝宝，也不能随心所欲的吃蜂蜜，偶尔作为调味品加一点还可以。等孩子到了10岁以后，对蜂蜜的限制就可以放宽了，基本能和成人一样食用蜂蜜了。

 小贴士

为宝宝制作果汁的注意事项

果汁富含维生素C，既能补充水分，又能提高免疫力，丰富的维生素C还可以帮助铁的吸收，减少贫血的发生，建议经常给宝宝饮用。但专家提醒家长注意，未经消毒处理的鲜榨果汁未必适合宝宝，尤其是月龄较小的宝宝，肠胃功能仍未发育成熟，饮用未经消毒处理的鲜榨果汁可能会引起腹泻。因此，建议家长在制作果汁时一定要挑选新鲜的水果并注意卫生，此外，尽量不要在鲜榨果汁中加糖。如果条件允许，最好给宝宝选用专业厂家生产的宝宝专用果汁。

宝宝辅食添加的要点

经过上个月辅食的添加，5个月的宝宝可以接受更多的辅食了，除了果泥、米糊外，还可以尝试添加一些蛋黄、蔬果泥，荤食要等6个月以后再加。添加顺序要从单一到多样、从简单到复杂、从细到粗、从稀到稠、从少量到多量，要根据宝宝的消化情况而定。同时不要忘记观察宝宝对辅食的接受程度，对宝宝不喜欢的辅食，可以过几天变换制作方法，再进行喂食。

好妈妈须知

妈妈在给宝宝烹调面条前应将其切短或折短，并烹煮至完全熟透为止，以免宝宝不易吞食，引起呕吐等不适。此期推荐的面食品为软而薄的面片。

营养小窍门

宝宝可能会爱吃水果胜过蔬菜，但两者在营养上各有所长，蔬菜还有促进食物中蛋白质吸收的独特功能，而且矿物质和纤维素较多，利肠通便。因此两类食物需平衡摄取，父母不可以为了满足宝宝喜好而减少蔬菜的摄入，以免宝宝偏食。让宝宝吃各类水果和新鲜蔬

菜，可以避免因叶酸缺乏而引起的营养不良性贫血。

贴心提示

妈妈在给宝宝添加辅食的过程中，经常会将食物咀嚼过后再喂给宝宝，这是一种不好的习惯，除特殊情况外，不宜采用。因为成人的口腔里有很多病毒和细菌，咀嚼时，这些有害的物质会与食物混合，再通过喂食传给宝宝，而宝宝的抵抗力会不如成人，因此，这种行为可能会引起宝宝患病。

专家答疑

宝宝为何不能过早吃盐？

小宝宝由于肾脏发育不完善，摄入盐太多会增加肾脏的负担，对身体不利。一般认为1岁以内的宝宝辅食中可以完全不放盐，母乳和配方奶粉中的钠盐就能满足需要了。但是如果辅食中一点盐不放，有的宝宝会觉得没味，难以接受，这将影响其他营养的摄入，针对这样的情况6个月以后可以加少许盐，稍感到咸味就可以了。

总之，为了宝宝的健康，1岁以内的宝宝最好多吃"无味"食品，对于重口味的食物，宝宝长大后可以慢慢尝试。

一日食谱推荐

上午	6：00	喂母乳或母乳加配方奶150~200毫升
	9：00	喂蔬菜泥30~50克
	12：00	喂母乳或母乳加配方奶150~200毫升
下午	15：00	喂母乳或母乳加配方奶150~200毫升
	18：00	喂蛋黄30~50克
晚上	21：00	喂母乳或母乳加配方奶150~200毫升
	24：00	喂母乳或母乳加配方奶150~200毫升
每天给宝宝喂1次适量鱼肝油，并保证饮用适量白开水		

第5个月 宝宝营养食谱

鲜橙汁

原料： 新鲜柳橙1个（约150克），温开水适量。

做法 ·········

1.将新鲜柳橙对半切开，然后挤汁。

2.添加等量温开水，将果汁稀释后饮用即可。

白萝卜梨汁

原料： 小白萝卜1个，梨半个。

做法 ·········

1.小白萝卜洗净，削皮，切成细丝；梨削皮，切成薄片备用。

2.将白萝卜丝倒入锅内加清水烧开，用微火炖10分钟后，加入梨片再煮5分钟即可食用。

小米汤

原料： 小米200克，清水适量。

做法 ·········

1.将小米用清水淘洗干净，放到锅里，加上适量的水煮。

2.先用大火将水烧开，再改成小火煮20分钟左右。

3.取上层的米汤喂给宝宝。

土豆泥

原料： 没有发芽的新鲜土豆1个，清水适量。

做法

1.将选好的土豆削去皮，切成小块。

2.放到锅里，加上适量的水煮至熟软。或放到小碗里，上锅蒸熟。

3.取出土豆，放到一个小碗里，用小勺捣成泥，即可。

蛋黄泥

原料： 生鸡蛋1个，母乳或配方奶或温开水适量。

做法

1.鸡蛋煮熟后立即剥掉蛋清，按哺喂量取蛋黄（第1次添加取1/8个即可）。

2.加入少许母乳或配方奶或温开水，碾成糊状，用小勺喂食。

黄瓜泥

原料： 黄瓜50克。

做法

1.将黄瓜洗净、去皮、切条，然后用研磨机打成泥。

2.将黄瓜泥放入小碗，碗口盖严，或蒙上保鲜膜，入沸水锅中蒸10分钟即可。

蛋黄羹

原料: 生鸡蛋1个,清水适量。

做法

1. 将鸡蛋打入碗里,去掉蛋清,只留下蛋黄,加上等量的清水,用筷子搅成稀稀的蛋汁。
2. 把盛蛋黄的碗放到刚刚冒出热气的蒸锅里。
3. 用小火蒸10分钟即可。

红枣泥

原料: 红枣3~6枚(干、鲜均可)。

做法

1. 如果是干红枣,先用冷水泡1个小时,再清洗干净;鲜红枣直接洗干净备用。
2. 把洗好的红枣装到一个小碗里,上锅蒸熟。
3. 取出红枣,去掉皮、去核,再用小勺捣成细泥即可。

茄子泥

原料: 嫩茄子1/2个。

做法

1. 将茄子洗净,削去皮,切成1厘米左右的细条。
2. 放到一个小碗里,上锅蒸15分钟左右。
3. 把蒸好的茄子用小勺在干净的不锈钢滤网上挤成泥,即可。

油菜泥

原料：新鲜油菜叶5片，米汤2勺。

做法

1.将油菜洗净切碎，放到煮沸的开水里煮2分钟左右。

2.取出油菜，用小勺在干净的不锈钢滤网上研磨，挤出菜泥。

3.将油菜泥和米汤混合，放入小锅中煮开，盛出凉凉，即可。

菜泥蛋羹

原料：生鸡蛋1个，绿叶蔬菜少许或胡萝卜1/4根。

做法

1.取蛋黄1个，打匀。

2.将绿菜叶或胡萝卜切成细末，放入蛋黄中，加凉开水稍微搅拌一下。

3.上锅蒸10~15分钟，晾温后按量用小勺喂之。

苹果泥

原料：新鲜苹果1个，清水少许。

做法

1.取新鲜苹果洗净，去皮、去核，切成薄片。

2.稍加点水一起煮。

3.先用大火煮沸，再用中火煮10分钟左右，熬成糊状。

4.盛出后把苹果糊用小勺研成泥即可。

鲜玉米糊

原料：新鲜玉米半个。

做法

1.用刀将洗干净的新鲜玉米的玉米粒削下来，放到搅拌机里绞成浆。

2.用干净的纱布进行过滤，去掉渣。

3.将过滤出来的玉米汁放到锅里，煮成糊糊，即可。

 胡萝卜泥

原料：胡萝卜80克，苹果50克。

做法 ·········

1.将胡萝卜擦碎；苹果去皮切碎。

2.将胡萝卜放入开水中煮1分钟研碎，然后放入锅内用微火煮，并加入切碎的苹果，煮烂拌匀即可。

 蛋花豆腐羹

原料：鸡蛋黄1个，豆腐20克，骨头汤150克。

做法 ·········

1.蛋黄打散；豆腐捣碎；骨头汤煮开。

2.骨汤中放入豆腐，小火煮3分钟，适当进行调味，并撒入蛋花即可。

南瓜泥

原料：新鲜南瓜1块（大小可以根据宝宝的饭量确定），米汤2勺，清水适量。

做法 ·········

1.将南瓜洗净，削皮，去掉籽，切成小块。

2.放到一个小碗里，上锅蒸15分钟左右。或是在用电饭煲焖饭时，等水差不多干时把南瓜放在米饭上蒸，饭熟后再等5~10分钟，再开盖取出南瓜。

3.把蒸好的南瓜用小勺捣成泥，加入米汤，调匀即可。

豌豆糊

原料：豌豆2匙，肉汤2大匙。

做法 ·········

1.将豌豆炖烂，并捣碎。

2.将捣碎的豌豆过滤一遍，与肉汤一起搅匀。

小米粥

原料：小米50克，清水适量。

做法

1.将小米用清水淘洗干净。

2.放到锅里，加上适量的水煮成稀粥。

3.加入红糖，拌匀，取上层的米汤喂给宝宝。

南瓜粥

原料：大米饭2大匙，南瓜100克。

做法

1.大米饭用等量的水煮成黏稠状。

2.南瓜切成2厘米见方的块状，去皮后熬软。

3.用叉子等器具仔细搅拌成泥状。

4.将南瓜泥放在粥碗里，一边搅拌一边喂食。

薯泥蛋羹

原料：生鸡蛋1个，红薯、土豆、芋头、山药中的一种适量，凉开水适量。

做法

1.取蛋黄1个，打匀，加入适量凉开水，稍微搅拌一下。

2.再加入少许已煮熟的红薯泥、土豆泥、山药泥、芋头泥中的1种，搅匀后上锅蒸10~15分钟即可喂食。

紫菜粥

原料：上好的干紫菜、大米或小米各适量。

做法

1.将大米或小米加水煮成粥。

2.将干紫菜搓成末儿，放入已煮好的粥内搅匀，即可喂食。

红薯大米粥

原料：大米粥20克，红薯10克。

做法

1.红薯洗净去皮切薄片，入沸水锅中蒸至熟软，用勺子碾成薯泥。

2.将干稠适中的大米粥小火煮沸，加入薯泥拌匀即可。

山药粥

原料: 山药1/2根,大米或小米适量。

做法

1.将山药洗净、去皮,切成小方块。

2.把山药与大米或小米一起煮成粥,将山药块用勺碾碎,即可喂食。

 菜心粥

原料: 大米粥100克,油菜心40克。

做法

1.将油菜心冲洗干净,放入沸水锅中煮熟、煮软后切碎。

2.将3分稠的大米粥烧开后,将切碎的油菜心放入米粥中拌匀即可。

 果泥蛋羹

原料: 蛋黄1个,凉开水、应季水果各适量。

做法

1.取蛋黄1个,打匀,加入适量凉开水,稍微搅拌一下。

2.加少许应季水果泥,打匀后上锅蒸,按应食用量喂之。或先将蛋黄蛋羹蒸熟后刮一些新鲜水果的果泥,摆放在熟蛋羹的表面上,可堆成各种图形。

第6个月 宝宝喂养方案

身体发育及营养需求

 宝宝身体发育指标

项目/性别	男宝宝	女宝宝
身高	63.4～73.8厘米，平均68.6厘米	62.0～72.0厘米，平均67.0厘米
体重	6.5～10.3千克，平均8.4千克	6.0～9.6千克，平均7.8千克
头围	41.3～46.5厘米，平均43.9厘米	40.4～45.2厘米，平均42.8厘米
胸围	39.7～48.1厘米，平均43.9厘米	38.9～46.9厘米，平均42.9厘米
囟门	前囟2厘米×2厘米	前囟2厘米×2厘米
牙齿	长出0～2颗门牙	长出0～2颗门牙

宝宝身体发育特点

半岁以后的宝宝，开始容易生病，因为宝宝体内来自母体的抗体水平开始逐渐降低。从这个阶段起，宝宝的身体免疫系统将开始完全独立应对各种致病因素的侵袭，因此，会让人觉得宝宝变得小病、小灾不断，还特别容易患上各种传染性疾病和各类营养不良症。

1 动作发育

6个月的宝宝会翻身了。如果扶着宝宝，宝宝能够站立，扶立时喜欢跳跃。把玩具等物品放在面前，宝宝会伸手去拿，并塞入自己口中。6个月的宝宝开始会坐了，但还坐不太好。

2 语言发育

6个月的宝宝的听力比以前更加灵敏了，能够分辨不同的声音，并能模仿着发声。

3 情感发育

半岁以后的婴儿已经能够区别亲人和陌生人，看见看护自己的亲人会高兴，从镜子里看见自己会微笑，并用手拍打。如果和宝宝玩藏猫猫的游戏，宝宝会很感兴趣。这时的宝宝会用不同的方式表示自己的情绪，比如用哭、笑来表示喜欢和不喜欢。

4 睡眠

宝宝一昼夜需要睡15～16个小时，白天一般要睡3次，每次1.5～2个小时，夜间睡10个小时左右。

5 心理发育

半岁的宝宝，心理活动已经比较复杂，面部表情就像一幅多彩的图画，会表现出内心的活动。高兴时，会眉开眼笑、手舞足蹈、咿呀作语，不高兴时会又哭又叫。能听懂严厉或柔和的声音。当家人暂时离开宝宝时，会表现出害怕的情绪。在室内呆着时，经常会用小手指向室外，表示自己很向往户外活动，示意要父母带自己到室外去玩。

6个月宝宝营养需求

注意给宝宝补铁

这个月龄的宝宝，铁的储备减少，母乳和牛乳已经不能满足宝宝需要的铁质了。因此，要逐渐给宝宝补充富含铁质的辅食。

含铁量较高又适合此阶段宝宝食用的食物是蛋黄。如果上个月已经给宝宝添加了1/4个蛋黄，这个月可以增加到1/2个蛋黄了。消化很好的宝宝，如果铁质不足的话，可以吃一个整的鸡蛋黄。

给宝宝适当喂配方奶

这个月宝宝需要的热量和各种营养成分与上月相比，没有太多的变化。随着哺乳期的即将结束，母乳的质和量都在慢慢降低，已经不能满足宝宝生长发育的要求了。而配方奶是根据宝宝月龄所需的营养调配的，能够满足各个时期宝宝的不同营养需求。但配方奶也不能一直吃到1岁后，再喂辅食，从奶类食品一步跨到普通饭食。一般来说，宝宝可以从4个月开始慢慢添加辅食，经过半年的时间，会让宝宝顺利过渡到正常的饮食习惯中来。

喂养禁忌：不能与钙片同食的食物

油脂类食物：给宝宝补充钙剂一定注意不能与油脂类食物同食。因为脂肪进食过多时，消化后产生的游离脂肪酸容易与钙结合，使钙的吸收减少。尚未吸收的钙进入排泄物，就会引起宝宝便秘。

纤维类食物：小宝宝膳食纤维摄入过多时，其中的植物纤维成分与钙质的结合也会降低钙的吸收，造成钙质的沉淀，也会引发宝宝的便秘。

牛奶：有的父母喜欢把钙片碾碎后混在牛奶里喂宝宝，这种做法极不科学。钙片混在牛奶中，宝宝最多只能吸收20%，其余的钙经过消化后会排出体外。而且，奶和钙很容易结合形成凝块，不仅钙不易被吸收，奶也不易被消化，容易造成宝宝便秘。

宝宝辅食添加的要点

6个月以内的宝宝会有强烈的挺舌反射。如果喂入固体食物，宝宝会下意识地将其推出口外，但随着宝宝慢慢长大，他的挺舌反射就会逐渐被吞咽反射所取代，此时可以给宝宝喂些碎菜、碎肉等固体食物，让宝宝逐渐适应吞咽。

好妈妈须知

宝宝需要补充各种营养素来满足自身的生长，此时妈妈要有针对性的补充辅食，用容易消化吸收的鱼泥、豆腐等补充蛋白质，继续增加含铁高的食物的量和品种；蛋黄可以由1/2个逐渐增加到1个，并适量补给动物血制品；增加宝宝乳儿糕及土豆、红薯、山药等薯类食品，以扩大淀粉类食物的品种。

营养小窍门

给宝宝喂罐装婴儿食品时，要先把食物舀出来盛在小盘子里，然后再喂给宝宝。如果你直接用勺子伸到罐子里，吃剩下的食物就不能再留了，因为这样会使宝宝嘴里的细菌进入食品罐里。同样，罐装婴儿食品开封一两天后就必须扔掉。你需要仔细阅读食品的包装说明，上面有罐装婴儿食品开盖后保存条件和保存时间的具体指导。

小贴士

辅食添加过晚的危害

辅食添加过晚的危害是：婴儿不能及时补充到足够的营养。比如，母乳中铁的含量是很少的，如果超过6个月不添加辅食，孩子就可能会患缺铁性贫血。国际上一般认为，添加辅食最晚不能超过8个月。另外，半岁左右婴儿进入味觉敏感期，及早添加辅食让孩子接触多种质地或味道的食物，对日后避免偏食挑食很有帮助。

贴心提示

6个月的宝宝开始萌出乳牙，由于牙龈神经的刺激及半固体、固体食物的添加，使唾液分泌量明显增加，而婴儿的吞咽功能尚未发育完善，来不及吞咽分泌的唾液，口腔又比较浅，常常使唾液流出口外，这属于正常的现象。此时妈妈要给宝宝准备好围在胸前的布兜，并经常换洗，防止细菌感染。

 专家答疑

如何发现宝宝缺锌？如何给宝宝补锌？

宝宝缺锌主要表现为：生长发育停滞，骨骼发育障碍；口腔黏膜增生、角化不全和易于脱落，使味觉下降，影响食欲，有的还会出现异食癖；机体抵抗力下降。

如果宝宝有上述表现，应到医院进行微量元素检查，重点是血锌和发锌水平。为预防宝宝缺锌，应母乳喂养并及时添加辅食，注意动物食品和植物食品的有效搭配。经检查证实宝宝缺锌后，父母应在医生的指导下，及时给宝宝补充硫酸锌或葡萄糖酸锌（片剂、冲剂或糖浆）。

 一日食谱推荐

上午	6：00	母乳或配方奶200毫升
	9：00	果汁80毫升
	12：00	母乳或配方奶200毫升
下午	15：00	鲜果蔬菜汁80毫升
	18：00	蔬菜泥20克
晚上	21：00	大米粥50克，母乳或配方奶150毫升
	24：00	母乳或配方奶150毫升
每天给宝宝喂1次适量鱼肝油，并保证饮用适量白开水		

第6个月 宝宝营养食谱

红小豆泥

原料：红小豆300克，清水适量。

做法

1.将红小豆挑洗干净，放入锅内，加入水，用旺火烧开后，加盖转小火焖熟。

2.捞出红小豆，再用勺将红小豆压成泥，去掉红小豆外壳即可。

红薯泥

原料：鲜红薯50克。

做法

1.将红薯洗净，去皮；把去皮红薯切碎捣烂，放入锅内，加少许水，盖上锅盖，煮15分钟左右，煮至烂熟。

2.出锅后搅拌待温后即可喂食。

芋头玉米泥

原料：芋头、玉米粒各50克。

做法

1.芋头去皮洗净，切成块状，放水中煮熟。

2.玉米粒洗净，煮熟，然后放入搅拌器中搅拌成玉米蓉。

3.用勺子背面将熟芋头块压成泥状，倒入玉米蓉，拌匀即可。

蓝莓土豆泥

原料：土豆200克，胡萝卜1根，蓝莓果酱100克。

做法

1.将洗干净的土豆去皮切成薄片。

2.将胡萝卜切薄片用模具压出形状，并将土豆和胡萝卜上锅蒸熟。

3.用研磨器将土豆弄成泥。

4.拌入适量的蓝莓果酱。

5.装进碗里抹平，摆上有形状的胡萝卜做装饰即可。

麦片糊

原料：燕麦片60克，鸡蛋1个，全脂奶粉适量。

做法

1.将奶粉放入碗内，倒入适量凉开水，搅拌均匀，再加入适量蛋黄搅拌均匀。

2.锅置火上，倒入适量清水煮沸，放入调好的蛋黄液、燕麦片搅匀，用中火煮4分钟，煮成糊即可。

豆腐蔬菜糊

原料：胡萝卜5克，嫩豆腐1/6块，荷兰豆半根，蛋黄半个，水1小杯。

做法

1.将胡萝卜去皮，与荷兰豆烫熟后，都切成极小的块。

2.将水与切好的胡萝卜、荷兰豆一起放入小锅，嫩豆腐边捣碎边加进去，煮到汤汁变少。

3.最后将蛋黄打散加入锅里煮熟即可。

黑米糊

原料: 黑米1/2杯,水1杯。

做法

1.黑米磨成粉,待锅中的水烧开后,加入黑米粉。

2.用小火煮4~6分钟,搅拌使之不生块,如果太稠,可以再加水调到适当的稠度即可。

豆浆米糊

原料: 大米20克,豆浆40毫升。

做法

1.大米淘洗干净,放入清水中浸泡30分钟。

2.锅置火上,放入大米和适量清水,大火熬煮成烂米糊。

3.加入豆浆小火熬煮10分钟即可。

胡萝卜苹果糊

原料: 胡萝卜1/4个,苹果1/8个。

做法

1.将胡萝卜洗净之后炖烂,并捣碎;苹果削皮用擦菜板擦好。

2.将捣碎的胡萝卜和擦好的苹果加适量的水,用文火煮成糊状即可。

蛋黄粥

原料: 熟鸡蛋黄1/4个,大米、肉汤(鱼汤或菜汤)各适量。

做法

1.当煮大米饭时,放米及水在煲内,用汤匙在中心挖一个洞,使中心的米多些水,煮成饭后,中心的米便成软饭,把适量的软饭搓成糊状。

2.把适量的汤滤去渣,如鱼汤要特别小心以防有鱼刺,撇去汤面的油。

3.把汤及饭糊放入小煲内煲滚,用慢火煲成稀糊状,鸡蛋黄要搓成蓉放入搅匀煮沸即可。

蛋黄酸奶糊

原料：鸡蛋1个，肉汤1小匙，酸奶1大匙。

做法

1.将鸡蛋煮熟之后取出蛋黄捣碎。

2.将捣碎的蛋黄和肉汤放入锅中，用文火煮，并不时搅动，呈稀糊状时取出冷却。

3.将酸奶倒入锅中搅匀即可。

燕麦牛奶粥

原料：冲调好的配方奶粉1杯，燕麦片50克。

做法

1.将燕麦片和冲调好的奶粉放入锅内，加入适量清水，使之充分混合。

2.用文火烧至微开，用勺不停地搅动，以免粘锅，待锅内食物变稠即可。

3.待温度适宜即可喂食。

香菇牛奶粥

原料：冲调好的奶粉1杯，大米50克，干香菇3朵，水1大杯。

做法

1.将大米淘洗干净，用水泡1~2小时；干香菇泡开切碎。

2.将锅置火上，放水烧开，下入大米和香菇用微火煮30分钟，加入奶粉再煮片刻即成。

绿豆粥

原料：大米250克，绿豆150克。

做法

1.将大米用清水淘洗干净；绿豆除去杂质，用清水淘洗干净，然后放入清水中浸泡3个小时，捞出。

2.锅内放入适量清水，放入泡软的绿豆，大火烧开，转小火，焖至绿豆酥烂时放入大米，用中火煮至大米粒开花、粥汤稠浓，关火冷却即可喂食。

饼干粥

原料： 大米15克，婴儿专用饼干2块。

做法 ⋯⋯⋯⋯⋯⋯⋯⋯⋯⋯

1.将大米淘洗干净，放入清水中浸泡1小时。

2.锅置火上，放入大米和适量清水，大火煮沸，转小火熬成稀粥。

3.把饼干捣碎，放入粥中稍煮片刻即可。

水果豆腐

原料： 豆腐1/10块，香蕉1段，熟草莓1个。

做法 ⋯⋯⋯⋯⋯⋯⋯⋯⋯

1.将豆腐放入开水中煮沸，捞出放入盘中。

2.将香蕉、草莓碾成泥。

3.将水果泥放在豆腐上即可。

健康糙米粥

原料： 有机糙米10克，薏米10克，干百合10克，熟芝麻5克，冷开水100毫升。

做法 ⋯⋯⋯⋯⋯⋯⋯⋯⋯⋯⋯⋯⋯⋯⋯⋯⋯⋯⋯⋯⋯⋯⋯

1.干百合洗净，用适量清水浸泡1天，换3～4次水后，沥去水分备用。

2.糙米、薏米洗净，用水100毫升浸泡4小时。

3.将上述材料混合一起，并放置电锅中，外锅放2杯水蒸煮40分钟。

4.将煮后原米及熟芝麻放入榨汁机中，加入100毫升冷开水搅拌成泥状，然后倒入锅内，用小火搅拌煮开即可。

5.熄火，待凉后可以喂食宝宝。

🥄 牛奶藕粉

原料： 藕粉、奶粉各适量。

做法 ·············

1.将藕粉、奶粉和适量水调浆后一起放入锅内。

2.将三者混合均匀后用小火煮，边煮边搅拌，直到成透明糊状为止。

🥄 蔬菜牛奶羹

原料： 西蓝花、芥菜各50克，冲调好的奶粉200毫升。

做法 ·············

1.西蓝花、芥菜分别洗净，切块，榨成汁。

2.取干净的奶锅一只，将牛奶与榨出来的蔬菜汁倒入混合，煮沸后即可。

🥄 山楂栗子羹

原料： 山楂50克，栗子20克，奶粉、湿淀粉各适量。

做法 ·············

1.将山楂洗净，去子；栗子去壳，用沸水烫3分钟，撕去外皮，捣成泥状。

2.将山楂和栗子分别放入碗中，上笼蒸40分钟至软和时取出。

3.将山楂捣烂成泥（越细越好），加冲调好的奶粉搅拌均匀，放锅里，上旺火煮至沸腾。

4.煮沸后，用湿淀粉勾芡，搅匀后撒入蒸好的栗子，分盛于小碗中即可。

 香蕉奶糊

原料： 香蕉1/4个，面粉1大匙，肉汤3大匙，配方奶适量。

做法

1. 将香蕉去皮之后捣碎。
2. 在捣碎的香蕉中加适量配方奶略煮即可。

芹菜米粉汤

原料： 芹菜30克，米粉20克。

做法

1. 芹菜洗净，切成碎末；米粉泡软备用。
2. 锅内加水煮沸，放入芹菜碎和米粉，煮3分钟即可。

蔬菜汤面

原料： 自制面片或龙须面10克，水100毫升，蔬菜泥少量。

做法

1. 自制面片或龙须面切成短小的段，倒入沸水中煮熟软，捞起备用。
2. 煮熟的面与水同时倒入小锅内捣烂，煮开。
3. 起锅后加入少量蔬菜泥。

营养专题：
宝宝辅食添加

 ## 什么是辅食

　　辅食——对婴儿来讲，指乳类食品（母乳、配方奶）外的其他食物。婴儿长到3个月后，胃容量增大，胃肠道消化酶的分泌逐渐完善。单靠乳类食品，营养虽然全面，但毕竟是流质，已不能满足宝宝快速生长发育的需要。此时应添加半流质即糊状食品，并逐渐过渡到软质及固体食物，使婴儿逐渐增强咀嚼能力，为断奶做准备。

 ## 添加辅食的作用

1 乳汁已无法满足宝宝的生长需求

　　宝宝长到4个月后，单纯从母乳或配方奶粉中获得的营养成分已经不能满足宝宝生长发育的需求，可以考虑添加辅食，帮助宝宝及时摄取均衡、充足的营养，满足生长发育的需求。

2 为"断奶"做好准备

　　婴儿的辅助食品又称断奶食品，其含义并不仅仅指宝宝断奶时所用的食品，而是指从单一的乳汁喂养到完全断奶这一阶段时间内所添加的过渡食品。

3 训练吞咽能力

从习惯吸食乳汁到吃接近成人的固体食物，宝宝需要有一个逐渐适应的过程。从吸吮到咀嚼、吞咽，宝宝需要学习另外一种进食方式，这一般需要半年或者更长的时间。

4 培养咀嚼能力

宝宝慢慢长大，他的牙龈也逐渐变得坚硬起来，尤其是长出门牙后，如果及时给他吃软化的半固体食物，宝宝会学着用牙龈或牙齿去咀嚼食物。咀嚼功能的发育有利于颌骨发育和乳牙萌出。

什么时候添加辅食

为宝宝添加辅食需要根据宝宝的生长发育状况来决定。一般有以下标准：宝宝的头颈部肌肉已经发育完善，能自主挺直脖子，方便进食固体食物；吞咽功能逐渐协调成熟，不再把舌头上的食物吐出来；消化系统中的分解酶素，已经能够消化不同种类的食物了。

值得注意的是，具体到每个宝宝，该什么时候开始添加辅食，父母应视宝宝的健康及发育状况决定，不能完全按月龄来决定。一般在婴儿4~6个月时就可以添加辅食。

推迟添加辅食的情况

有家族性过敏史

即使妈妈将辅食做得再好吃，也避免不了宝宝出现呕吐、腹泻或者长痱子等过敏反应。此时宝宝肠胃功能尚不够成熟，如果出现了过敏反应，就不要喂可能引起宝宝过敏的食物了。

食物过敏可能出现的几种表现：胀肚、嘴或肛门周围出现皮疹、腹泻、流鼻涕或流眼泪、异常不安或哭闹。若出现上述任何现象，都应停止添加辅食。

早产儿因为他的吸吮、吞咽、呼吸功能发育得缓慢，所以应该相应地推迟添加辅食的时间，否则会造成消化不好，而导致肠胃不适。

 需要推迟添加的辅食

有些辅食应该推迟添加时间，有的甚至要推迟到1周岁以后，例如蛋白、鲜牛奶等。

许多宝宝对蛋白或鲜牛奶过敏，因此，妈妈要观察宝宝对这些食物是否过敏，以免伤害到宝宝的身体。

 # 添加辅食的原则

1 从一种到多种

不可一次给宝宝添加好几种辅食，那样很容易引起不良反应。开始只添加一样，如果3～5天内宝宝没有出现不良反应，排便正常，可以让宝宝尝试另外一种。

2 从流质到固体

按照流质食品、半流质食品、固体食品的顺序添加辅食。如果一开始就给宝宝添加固体或半固体的食品，宝宝的肠胃无法负担，难以消化，会导致腹泻。

3 量从少到多

刚开始添加辅食时，可以只给宝宝喂一两勺，然后到四五勺，再到小半碗。刚开始加辅食的时候，每天喂一次，如果宝宝没有出现抗拒的反应，可慢慢增加次数。

4 不宜久吃流质食品

如果长期给宝宝吃流质或泥状的食品，会使宝宝错过咀嚼能力发展的关键期。咀嚼敏感期一般在6个月左右出现，从这时起就应让宝宝学习咀嚼。

5 辅食不可替代乳类

有的妈妈给宝宝添加辅食后，从宝宝6个月开始就减少宝宝对母乳或其他乳类的摄入，这是错误的。这时宝宝仍应以母乳或配方奶为主食，辅食只能作为一种补充食品。

6 遇到不适即停止

给宝宝添加辅食的时候，如果宝宝出现过敏、腹泻或大便里有较多的黏液等状况时，要立即停止给宝宝喂辅食，待恢复正常后再开始（过敏的食物不可再添加）。

7 不要添加剂

辅食中尽量少加或不加盐和糖，以免宝宝养成嗜盐或嗜糖的习惯。更不宜添加味精和人工色素等，以免增加宝宝肾脏的负担，损害肾功能。

8 保持愉快的进食氛围

在宝宝心情愉快和清醒的时候喂辅食，当宝宝表示不愿吃时，不可采取强迫手段。给宝宝添加辅食不仅是为了补充营养，同时也是培养宝宝健康的进食习惯和礼仪，促进宝宝正常的味觉发育，如果宝宝在接受辅食时心理受挫，会给他带来很多负面影响。

各类辅食的添加过程

添加水果：从过滤后的鲜果汁开始，到不过滤的纯果汁，然后到用匙刮的水果泥再到切的水果块，最后整个水果让宝宝自己拿着吃。

添加谷类：这个过程从米汤开始，到米粉，然后是米糊，再往后是稀粥、稠粥、软饭，最后到正常米饭。面食是从面条、面片、疙瘩汤，再到饼干、面包、馒头、饼。

添加蔬菜：从过滤后的菜汁开始，到菜泥做成的菜汤，然后到菜泥，再到碎菜或煮菜汤、炖菜泥、炒碎菜。

添加蛋类：从鸡蛋黄开始，到整个鸡蛋。

添加肉类：先从肉质细嫩、容易消化的鱼肉加起，再到鸡肉、猪肉、羊肉、牛肉。

添加辅食的顺序

一般说来，先给宝宝添加米粉、米糊、蛋黄、蔬果汁等食物，每隔一到两周给他添加一种新的食物品种。在这期间，让宝宝有一个适应的过程，添加之后，观察他是不是对这种辅食适应，比如观察宝宝的精神状况，有没有发热、拉肚子或者不舒服等，大小便是否正常。

如果这些都没有问题，那么隔一到两周后再添加新的食物品种。在蛋黄、谷类添加完之后，依次添加蔬菜、水果、肉类等，大人能吃的食物，也要逐渐添加上去。注意不能在刚开始添加辅食时，只让宝宝吃鱼、吃肉，这样会引起消化不良，因为胃肠道产生消化酶也是一个逐渐发育和完善的过程。不同月龄的宝宝，可以按照下面的顺序添加辅食。

4~6个月龄

4~6个月的宝宝饮食仍以母乳或配方奶为主，辅食添加以尝试吃为主要目的。添加的量从1~2勺开始，以后逐步增加。主要提供流质及泥糊状食品。依次提供米粉（可用母乳、配方奶或苹果汁调配），蔬菜汁、蔬菜泥后，果汁或果泥（果汁先从兑水开始，然后再喝原汁）。

7~9个月龄

这一时期，宝宝胃蛋白酶开始发挥作用了，因此这一阶段的宝宝可以开始接受肉类食物，但这并不表明宝宝的消化功能已经接近成人了。所以，在食物的添加上，仍然要坚持辅食添加循序渐进的总体原则。

除继续熟悉各种食物的新味道和感觉外，还应该逐渐改变食物的质感和颗粒大小，逐渐从泥糊状食物向固体食物过渡，使辅食取代一顿奶而成为独立的一餐，同时锻炼宝宝的咀嚼能力。

10~12个月龄

这一时期，不仅要满足宝宝的营养需求，还要锻炼宝宝的咀嚼能力，以促进咀嚼肌的发育、牙齿的萌出和颌骨的正常发育与塑形，以及肠胃道功能及消化酶活性的提高。单纯吃泥糊状食物虽然能够满足营养均衡的要求，但是其余的任务却很难实现。可以适当增加食物的硬度。

13~18个月龄

这时因为宝宝的咀嚼能力渐渐变得像大人一样，所以食物要煮得软硬适中。从这个时候起尽量不要喂稀粥了，可以喂一些软米饭。米饭可以按大米与水的比例为1：2来蒸熟，其他食材可以切成1厘米大小之后再进行烹制。过完周岁，就可以让宝宝早、中、晚都以饭菜为主食。

 # 添加辅食的误区

误区一：宝宝4个月了就要添加辅食

是否添加辅食，不是看月龄，而是看宝宝是否准备好了接受辅食。过早添加辅食，对于宝宝的健康不利。

误区二：不及早添加辅食，会造成宝宝营养不良

开始添加辅食是因为宝宝的胃口大了，单纯依靠母乳已不能够吃饱，需要额外的食物。在一岁之内，宝宝的主要营养来源是母乳而不是辅食。

误区三：添加辅食后就给宝宝断奶

这种做法不科学的，辅食是辅助母乳的食品，绝非取而代之。

误区四：给宝宝辅食添加晚了，会错过训练宝宝咀嚼能力的最佳时期

这种说法没有科学根据。宝宝也并非仅仅依靠辅食来学习咀嚼，他们吃手指、咬牙胶、嚼玩具，总之把能抓到手的东西往嘴里放，就已经"训练"了咀嚼能力。

误区五：宝宝不爱吃饭的时候，要想法设法把吃的塞进去

添加辅食的最重要原则是：尊重孩子，让孩子做主。当孩子闭嘴扭头表示拒绝时，接受孩子的意愿，千万不要勉强孩子进食。

第 **3** 章

7~9个月:
为断奶做准备

第7个月 宝宝喂养方案

 ## 身体发育及营养需求

 ### 宝宝身体发育指标

项目/性别	男宝宝	女宝宝
身高	65.5~74.7厘米，平均70.1厘米	63.6~73.2厘米，平均68.4厘米
体重	6.9~10.7千克，平均8.8千克	6.4~10.1千克，平均8.3千克
头围	42.4~47.6厘米，平均45.0厘米	41.2~46.3厘米，平均43.3厘米
胸围	40.7~49.1厘米，平均44.9厘米	39.7~47.7厘米，平均43.7厘米
囟门	前囟2×2厘米	前囟2×2厘米
牙齿	长出0~4颗	长出0~4颗

宝宝身体发育特点

宝宝头部的生长速度减慢，腿部和躯干生长速度加快，行动姿势也会发生很大变化。随着肌肉张力的改善，孩子的姿势变得更加直立，将形成更高、更瘦、更强壮的外表。

1 动作发育

7个月的宝宝各种动作开始有了意向性，会用一只手去拿东西。会把玩具拿起来，在手中来回转动。还会把玩具从一只手递到另一只手上，或用玩具在桌子上敲着玩儿。仰卧时，会把自己的脚放在嘴里啃。7个月的宝宝不用人扶，能独立坐几分钟。

2 语言发育

7个月的宝宝可以发出一些简单的音节，会对玩具咿呀说话。

3 心理发育

7个月的宝宝已经习惯于坐着玩了。尤其是在浴盆里洗澡时，总是喜欢玩水，用小手拍打水面，溅出许多水花。如果扶持宝宝站立，会不停地蹦。嘴里咿咿呀呀的，像叫爸爸、妈妈，脸上经常会露出幸福的微笑。如果当着宝宝的面把玩具藏起来，能很快找出来。喜欢模仿大人的动作，也喜欢让大人陪他看书、看画、听"哗哗"的翻书声。

4 睡眠

睡眠和6个月的宝宝差不多，宝宝每天需要睡15~16小时，白天睡2~3次。如果宝宝睡得不好，家长要找一找原因，要想到宝宝是否病了，量一量体温，仔细观察一下面色和精神状态。

5 防疫提示

这个月，要对宝宝进行第3次乙肝疫苗防疫注射。

7个月宝宝营养需求

添加辅食以补充营养素的不足

7个月宝宝的主要营养源还是母乳或牛乳，辅食只是补充部分营养素的不足，培养宝宝吃乳类以外的辅食，为过渡到以饭菜为主的饮食做好准备。

把握好辅食的品种和数量

这个时期是为断奶做准备的时期。需要添加的辅食是以含蛋白质、维生素、矿物质为主要营养素的食物：包括蛋黄、肉、蔬菜、水果，其次是碳水化合物。所以，妈妈不能单单把喂了多少粥、面条、米粉作为添加辅食的标准。奶和米、面相比，营养成分要高得多。因此，如果由于吃了小半碗粥，而让宝宝少吃一瓶奶是不对的。

喂养禁忌：炼乳不可作为主食

一些妈妈发现炼乳具有易存放、易冲调、孩子爱喝等优点，就用炼乳代替鲜奶让孩子喝。他们认为炼乳同样是乳制品，与配方奶一样有营养。

其实把炼乳作为主要食物喂宝宝是不对的。最主要的缺陷是糖分太高。炼乳虽然是乳制品，但在制作过程中使用了加热蒸发、加糖等工艺，因而更易保存，但这使得炼乳中水分仅为牛乳的2/5，蔗糖含量高达40%。

按这个比例计算，婴儿吃炼乳时要加4~5倍水稀释甜度才合适，但此时炼乳中的蛋白质、脂肪含量却已很低，不能满足婴儿的营养需要。即使婴儿暂时吃饱了，也是因为其中糖量多。如果考虑蛋白质、脂肪含量合适而少兑水，炼乳会过甜，不适合婴儿食用。因此，不要用炼乳作为主要食物来喂养婴儿。

宝宝辅食添加的要点

7个月的宝宝大部分已经开始出牙了，胃肠道的发育也逐渐成熟，食物供应形态可以慢慢转变为半固体或固体形态。例如用稀释的淀粉类食物来增加热量，并配合提供蛋黄泥、蔬菜泥、肉泥以及水果泥来补充婴儿配方奶粉所不足的蛋白质。在制作的方法上，要尽量丰富一些，多变换花样，并搭配些碎水果。坚持母乳或配方奶为主，先喂辅食，再哺乳，为断奶做准备。

 好妈妈须知

妈妈在清洗宝宝用的餐具和炊具时，不要用消毒剂、清洗剂。如果要消毒可以用沸水煮烫，或者用消毒锅消毒。如果宝宝已经会用手捡起周围的东西放到嘴里时，妈妈一定要特别注意，千万不要让宝宝随便拿起东西塞进嘴里，这样可能会被东西卡住喉咙。果冻是绝对禁止给宝宝吃的，一旦被卡住，情况会很危险。

 营养小窍门

给宝宝做水果辅食时，一定要选用新鲜的水果，以保证含有充足的营养成分。最好给宝宝食用带皮水果的果肉，如橘子、苹果、香蕉、木瓜等，这类水果的果肉部分受农药污染与病原感染的机会较少。给宝宝制作果汁时，应洗净、去皮、切碎，现吃现做。水果最好先蒸一下，以免生冷食物引起宝宝腹泻，损伤宝宝幼嫩的脾胃。

 小贴士

宝宝腹痛有可能是缺钙

人体内有1%的钙质存在于软组织和细胞外液中，这部分钙质量虽小，作用却很大。如果宝宝的血液中的游离钙离子偏低，神经肌肉的兴奋就会增大，这时，肠壁的平滑肌就会产生强烈收缩，即肠痉挛而引起腹痛。

所以，为了防止宝宝发生缺钙性腹痛，平时要注意给宝宝多吃些如乳类、蛋类、豆制品、海产品等富含钙的食物。

贴心提示

有的父母喜欢在给宝宝蒸鸡蛋时，加入很多的碎虾、碎肉末、碎肝尖等，以为这样会更有营养。但一次摄入过多的蛋白，会增加宝宝肾、肝、胃肠的负担，不利于宝宝发育。妈妈需要每次只给宝宝吃一种新食物，不要把多种食物混在一起，以免宝宝发生过敏却找不出致敏的食物。

 专家解疑

自己做的辅食好，还是买的好？

自己在家做辅食的优点是能够保证原材料的新鲜。越是新鲜的食物，营养素保持得就越好。但是，自己做辅食，从买菜、清洗到加工、制作，要花费不少时间。而且孩子吃得很少，量太小不好做，一次多做些存在冰箱里，营养素也会损失一部分。

购买现成的婴儿食品是很多职场妈妈的选择。婴儿食品的生产是禁止用防腐剂的，而且真空包装的产品，现成的菜泥确实要比自己做的更精细，更好吸收，比较适合小宝宝。但不能一直给孩子吃过细的食物，否则牙齿发育不好。孩子长牙后，可以尝试吃些粗一点的食物，如苹果切成小块，既新鲜又能让他练习咀嚼。

 一日食谱推荐

上午	6：00	母乳或配方奶150~220毫升，面包片（馒头片）15克
	9：00	母乳或配方奶120毫升，饼干15克
	12：00	肝泥粥40~60克
下午	15：00	母乳或配方奶150毫升，面包15克
	18：00	菠菜鸡蛋面60~80克，水果泥20克
晚上	21：00	母乳或配方奶150~220毫升

每天给宝宝喂1次适量鱼肝油，并保证饮用适量白开水

第7个月 宝宝营养食谱

冰糖梨水

原料：梨1个，冰糖适量。

做法

1. 将梨洗净，去皮，切片。
2. 锅内倒入水烧开，放入梨片、冰糖，小火煮15分钟即可。

草莓羹

原料：草莓250克，配方奶1杯，水半杯。

做法

1. 将草莓清洗干净，去蒂，切成小块。
2. 将草莓块、配方奶、水一起倒入榨汁机里，搅拌均匀倒入杯中即可。

鸡蓉玉米羹

原料：鸡脯肉30克，鲜玉米粒30克，鸡汤100毫升。

做法

1. 将鸡脯肉和玉米粒洗净，分别剁成蓉备用。
2. 鸡汤烧开后撇去浮油，加入鸡肉蓉和玉米蓉，搅拌后旺火煮开，再转小火煮5分钟即可。

番茄豆腐泥

原料：豆腐1/10块，番茄1/4。

做法

1.将豆腐放入开水煮沸，捞出放入盘内。

2.把豆腐捣碎待用；把番茄放入热水中烫1分钟，去皮，捣成泥。

3.在豆腐泥上淋入番茄泥即可。

鱼肉蛋花粥

原料：白米饭半碗，鱼肉（鱼刺去除干净）10克，蛋黄液适量，水1杯。

做法

1.将白米饭与水放入小锅煮至烂。

2.将鱼肉放入锅中，小煮一下，取蛋黄半个打散淋在粥上，搅拌至熟即可。

苹果奶粥

原料：苹果1/2个，牛奶1/2杯，米饭1/6碗。

做法

1.将苹果削皮去核，切成碎块。

2.将米饭、牛奶放入锅内煮黏稠，最后加入苹果碎块煮2~3分钟。

西蓝花酸奶糊

原料：西蓝花1个，酸奶2大匙。

做法

将西蓝花洗净并煮烂、切碎；然后将酸奶与西蓝花拌匀即可。

番茄鱼糊

原料： 净鱼肉100克，番茄1个，鸡汤200毫升。

做法 ················

1. 鱼肉煮熟后切成碎末。
2. 番茄用开水烫后剥去皮，切成碎末。
3. 锅内放入鸡汤，加入鱼肉末、番茄末，煮沸后改用小火煮成糊状即成。

鲜虾肉泥

原料： 鲜虾肉（河虾、海虾都可以）50克，香油少许。

做法 ················

1. 将鲜虾肉洗净，剁碎，放入碗内上笼蒸熟。
2. 最后加入少许香油拌匀即成。

鳕鱼鸡蛋羹

原料： 鳕鱼肉150克，洋葱20克，鸡蛋1只。

做法 ················

1. 鳕鱼肉洗净切片，挑去鱼刺；洋葱去外皮切片。
2. 将鱼肉、洋葱、鸡蛋黄放入搅拌器中打碎，盛入容器中，放入沸水锅中蒸10分钟即可。

🥄 酸奶豆腐

原料：豆腐1/10块，酸奶1勺，草莓酱1/2勺。

做法 ......

1.将豆腐切成均匀的块，放入开水中煮沸后冷却，将豆腐片捞出摆盘。

2.在豆腐上淋上酸奶和草莓酱即可。

🥄 豆腐蛋黄泥

原料：豆腐100克，鸡蛋50克。

做法 ......

1.豆腐焯烫，研成泥；鸡蛋煮熟后取蛋黄研成泥。

2.将豆腐泥和蛋黄泥混合在碗里即可。

🥄 蔬菜鱼肉粥

原料：鱼肉100克，米饭200克，胡萝卜适量。

做法 ......

1.将鱼肉洗净，剔净骨、刺，炖熟并捣碎；胡萝卜洗净，切成末。

2.将米饭、鱼肉、胡萝卜末及适量水倒入锅内，用中火煮至粥黏稠即可。

豆腐胡萝卜泥

原料：胡萝卜1根，嫩豆腐50克，鸡蛋1个。

做法

1.胡萝卜洗净，去皮，放锅内煮熟后切小丁。

2.另取一锅，倒入水和胡萝卜丁，再将嫩豆腐边捣碎边加进去，一起煮。

3.煮5分钟左右，汤汁变少时，将鸡蛋打散加入锅里煮熟即可。

番茄鸡肝粥

原料：大米粥30克，小番茄、鸡肝各20克，小白菜少许。

做法

1.鸡肝去膜去筋，洗净后剁碎成泥状备用；小番茄用开水烫去外皮切成小丁；小白菜洗净焯熟切丝沥水。

2.将5分稠的大米粥烧开，加入鸡肝泥小火煮开放番茄丁、小白菜丝煮软即可。

水果酸奶糊

原料：番茄1/8个，香蕉1/6个，酸奶1大匙。

做法

1.将番茄用水焯一下，然后去皮去子，捣碎并过滤。

2.香蕉去皮后捣烂。

3.将捣碎的番茄与香蕉和在一起。

4.将酸奶倒在捣碎的番茄和香蕉上搅匀即可。

🥄 玉米粥

原料： 甜玉米粒20粒，粥1小碗，鸡蛋1/2个。

做法

1.将甜玉米粒用搅拌机磨碎。

2.将粥、玉米碎粒一起煮黏稠，将鸡蛋打散淋入粥中煮开即可。

🥄 鱼肉糊

原料： 海鱼肉50克，淀粉少许。

做法

1.将海鱼肉切条、煮熟，除去骨、刺和鱼皮，研碎。

2.把水煮开，下入鱼肉泥，然后用少许淀粉勾芡即可。

🥄 鸡肝土豆泥

原料： 鸡肝5克，土豆5克，冷开水1大匙。

做法

1.新鲜鸡肝洗净，将筋膜挑去，放入沸水中氽烫，约15分钟至熟透。

2.土豆削去外皮，放入电锅中，外锅放1杯水，隔水蒸煮15分钟至熟透。

3.将鸡肝和土豆用过滤网过筛成泥状，再加入冷开水拌匀即可。

🥄 骨汤面

原料： 猪或牛胫骨或脊骨200克，龙须面50克，青菜50克，米醋各少许。

做法

1.将骨砸碎，放入冷水中用中火熬煮，煮沸后酌加米醋，继续煮30分钟。

2.将骨弃去，取清汤，将龙须面下入骨汤中，将洗净、切碎的青菜加入汤中煮至面熟即成。

乌龙面蔬菜汤

原料： 净鱼肉2片，圆白菜末、番茄块、乌龙面各适量。

做法

1.将鱼片放入小锅内余熟。

2.另一锅内加水，加入圆白菜末、番茄块、乌龙面，用小火仔细熬烂。

3.将煮好的鱼片仔细去掉鱼刺倒入磨臼内，仔细磨烂。放入乌龙面内即可。

蛋黄银丝面

原料： 银丝面30克，小白菜10克，熟蛋黄半个。

做法

1.小白菜洗净，放入沸水中焯熟后，切成末；蛋黄碾成末。

2.面条下入沸水锅中煮成软烂状，捞出用勺摁成长短适中的小段，加少许面汤与小白菜末、蛋黄末拌匀即可。

肉末胡萝卜汤

原料： 瘦猪肉50克，胡萝卜100克。

做法

1.瘦猪肉洗净后，剁成细末，蒸熟或炒熟。

2.胡萝卜洗净，切成大块，放入锅中煮烂，捞出挤压成糊状，再放回原汤中煮沸。

3.最后将熟肉末加入胡萝卜汤中拌匀即可。

乳酪粥

原料： 大米粥1小碗，乳酪5克。

做法

1.将乳酪切成小块。

2.大米粥煮开，放入乳酪块，溶化后关火即可。

第8个月 宝宝喂养方案

身体发育及营养需求

宝宝身体发育指标

项目/性别	男宝宝	女宝宝
身高	66.5～76.5厘米， 平均71.5厘米	65.4～74.6厘米， 平均70.0厘米
体重	7.1～11.0千克， 平均9.1千克	6.7～10.4千克， 平均8.6千克
头围	42.5～47.7厘米， 平均45.1厘米	42.3～46.4厘米， 平均44.4厘米
胸围	41.0～49.4厘米， 平均45.2厘米	40.1～48.1厘米， 平均44.1厘米
囟门	前囟2×2厘米	前囟2×2厘米
牙齿	长出2～4颗	长出2～4颗

宝宝身体发育特点

婴儿长到8个月后逐渐向幼儿过渡，此时的营养非常重要，如果跟不上就会影响成年身高。此外，在运动方面，8个月的宝宝一般都能爬行了，爬行的过程中能自如地变换方向。

1 牙齿

大部分婴儿已经开始出牙，有些宝宝已经出了2~4颗牙齿，即上门齿和下门齿。

2 动作发育

8~9个月龄的宝宝不仅会独坐，而且能从坐姿变成躺下，扶着床栏杆站立，并能由立位坐下；俯卧时，用手和膝趴着能挺起身来；会拍手，会用手挑选自己喜欢的玩具玩，但经常咬玩具，会独自吃饼干。8~9个月的宝宝一般都能爬行，爬行过程中能自如变换方向。坐着玩时，会用双手传递玩具。如果玩具掉到桌子下面，知道寻找掉的玩具。

3 语言发育

能模仿大人发出的单音节词，有的宝宝已经会发出双音节的词"妈妈"了。

4 睡眠

8个月的宝宝大约每天需睡14~16小时，白天可以深睡两次，每次2小时左右，夜间如果尿布湿了，只要宝宝睡得很香，可以不马上更换。但有尿布湿疹或屁股已经淹红了的宝宝，要及时更换尿布。如果宝宝大便了，也要立即更换尿布。

5 情绪

宝宝见到熟人，会用微笑来表示认识他们，看见亲人或者看护自己的人会要求抱，如果把宝宝喜欢的玩具拿走，宝宝会哭闹。新鲜的事情会引起宝宝惊奇和兴奋，从镜子里看见自己，会到镜子后边去寻找。

这个月的宝宝会表现出明显的依恋父母，一旦看不到家长，会立刻表现出惊恐不安，心理学上称"分离忧虑"。过去不认生的宝宝，突然会变得害怕邻居或保姆，这些现象属于宝宝正常发育的一个必经阶段，家长不用为此担忧。

认生，是儿童心理发展的自然阶段，一般在短时间内会自然消失。对宝宝的认生，家长可以在教育方式上加以注意，如经常带宝宝逛逛大街，上上公园，还可以带宝宝到其他小朋友家做客等，这样可以减轻宝宝认生的程度。总之，扩大宝宝的接触面，尊重他的个性，不要过度呵护。这样可以培养宝宝勇敢、自信、开朗、友善、富有同情心等良好的心理素质。

6 宝宝的能力体现

记忆力：宝宝的记忆力有明显的进步，能记住父母经常反复说的话或做的动作。

注意力：宝宝的注意力比前几个月能够持续的时间更长，尤其是对自己感兴趣的东西，注意力会更集中。给一个新鲜的玩具，宝宝会拿着这个玩具很专注地自己玩，时间比原先长多了，而且会具备越来越强的专注能力。

观察力：有了初步的观察力，宝宝会观察家里人在干什么；也会对一些细小的东西产生兴趣，如掉在桌上的面包渣，家人掉在床上的头发丝等，都会去观察。

思维能力：宝宝的思维能力有了进一步的提高，会通过一些小的探索和尝试来发现一些问题。例如，给宝宝一个带盖子的小瓶子，把盖子取下来，宝宝会尝试着再盖上。开始会把盖子拿反，或是把盖子放到瓶身或瓶底位置。但经过一段时间的尝试，宝宝会发现盖子与瓶子的关系，知道该把盖子放在什么位置上。而且，宝宝会用很长时间来反复做盖上、拿下，再盖上、再拿下的动作，不厌其烦，专心致志，这是宝宝开始有了空间意识和逻辑思维能力的表现。可以在宝宝认识到瓶子和盖子的关系以后，以此类推，给宝宝玩盖上、再打开的游戏，激发宝宝的思维能力。

8个月宝宝营养需求

8个月宝宝每日所需的热量与7个月一样，也是每千克体重约95~100千卡。蛋白质的摄入量仍是每天每千克体重1.5~3.0克。脂肪的摄入量比上个月有所减少，上个月脂肪占总热量的50%左右（半岁前都是如此），本月开始降到了40%左右。

铁的需求量明显增加，6个月以前的每日需铁量为0.3毫克，但从这个月开始，每日需要的铁量增加了3倍以上。鱼肝油的需要量没有什么变化，维生素D仍然是每日400国际单位，维生素A仍是1300国际单位。其他维生素和矿物质的需要量没什么大的变化。

喂养禁忌：冲泡配方奶不宜过浓

在给宝宝冲泡配方奶时，最好按照包装上的说明来调配水和奶粉的比例，最好不要冲泡得过浓，浓度过高会引起宝宝便秘。此外，也不应该额外加糖，因为配方奶中已经有适当比例的糖分，再添加糖容易影响锌的吸收，导致宝宝的消化功能紊乱，营养不能满足机体的需要，从而导致宝宝食欲减退，吸收减少，抵抗力下降，容易使宝宝生病。

宝宝辅食添加的要点

现在妈妈分泌的乳汁越来越少了，所以需要添加更多的辅食，以补充宝宝生长发育的需要。此时大部分的宝宝开始学习爬行了，体力消耗也越来越大，应供给宝宝更多的碳水化合物、脂肪和蛋白质。

好妈妈须知

婴儿较容易出现腹泻，当婴儿腹泻时，饮食要进行调整，原则上是首先减轻胃肠道负担，轻者不必禁食和补液；重症者可禁食6~8小时，静脉输液纠正脱水及电解质紊乱。脱水纠正后，先用口服补液和易消化的食物，由少到多，从稀到稠。原为母乳喂养的，每次吃奶时间要缩短；原为混合喂养的，可停喂牛奶或其他代奶品，单喂母乳；原为人工喂养，牛奶量应减少，适当加水或米汤；原来已加辅食的，也可减量或暂停喂辅食。患儿腹泻经治疗，病情逐渐好转，大便每日2～3次，水分减少，身体基本恢复正常时，再逐渐添加辅食，以免再次导致腹泻。一般需1～2周才能恢复到原来的饮食。

 营养小窍门

宝宝的饭菜尽量不要放糖或少放糖，因为糖在肠道中会发酵，会使宝宝肠胀气、腹泻，大便呈绿色，同时还会使宝宝产生饱腹感，不爱吃饭，情绪烦躁。此外，妈妈也不要给宝宝喝特别甜的饮料，对宝宝的发育没有好处。

 小贴士

婴儿营养不良的表现

婴儿营养不良是由于营养供应不足、不合理喂养、不良饮食习惯及精神、心理因素而导致厌食、食物吸收利用障碍等引起的慢性疾病。表现为体重减轻，皮下脂肪减少、变薄。腹部皮下脂肪先减少，继之躯干、臀部、四肢，最后两颊脂肪消失而似老人，皮肤干燥、苍白松弛，肌肉发育不良，肌张力低。轻者常烦躁哭闹；重者反应迟钝、消化功能紊乱，可出现便秘或腹泻。

贴心提示

这个时期，宝宝的乳牙已经萌出，咀嚼食物的能力逐渐增强，消化道内的消化酶已经可以充分消化蛋白质，消化功能随之增强。到8个月左右，妈妈乳汁的分泌开始减少，即便母乳分泌不减少，乳汁的质量也开始下降，这时，就需要开始为宝宝断奶做准备了。这个阶段，母乳喂养的次数可以减少，而逐渐增加辅食的次数，并且可以考虑给宝宝添加一些半固体性的辅食甚至一些固体食物，如面包、胡萝卜片等，来训练他的咀嚼能力。

专家答疑

能用微波炉加热、制作辅食吗？

目前对用微波炉加热、制作辅食还存在一定争议。一般认为，市售的瓶装加工婴儿辅食可以按照产品说明用微波炉加热，如需打开瓶盖或者倒出隔水加热等。

微波炉同普通加热方式一样，对于某些维生素如维生素C、B族维生素等都会有一定的破坏，因此通常建议蔬菜类辅食以短时间开水焯熟为宜，其他辅食以蒸、煮、炖等常规加热方式为佳，但通常没有严格禁止不能用微波炉加热辅食。对于一些忙碌的职场妈妈，使用微波炉方便快捷地为宝宝制作一些辅食，还是不错的选择。

 一日食谱推荐

上午	6：00	母乳或配方奶150~220毫升，面包片（馒头片）15克
	9：30	母乳或配方奶120毫升，鸡蛋羹20克，馒头20克
	10：30	果泥50克
	12：00	小馄饨50克
下午	15：00	母乳或配方奶120毫升，蛋糕20克
	18：30	肉末胡萝卜汤60克
晚上	21：00	母乳或配方奶200~220毫升
每天给宝宝喂1次适量鱼肝油，并保证饮用适量白开水		

第8个月 宝宝营养食谱

南瓜玉米羹

原料： 南瓜50克，玉米面200克，植物油、清汤各适量。

做法

1. 将南瓜去皮、去子，洗净，切成小块。

2. 将锅置火上，放入适量油烧热，放入南瓜块略炒后，再加入清汤，炖10分钟左右至熟。

3. 将玉米面用水调好，倒入锅内，与南瓜汤混合，边搅拌边用小火煮3分钟后，至羹黏稠后即可。

三鲜豆腐脑

原料： 虾仁3只，鸡肉10克，香菇2朵，豆腐脑50克，鸡蛋1个（取蛋黄），淀粉、高汤各适量。

做法

1. 将虾仁洗净，去除纱线，剁碎，拌入少许蛋黄和淀粉。

2. 鸡肉去皮，剁碎；香菇洗净，切碎。

3. 锅内放高汤烧沸，加入虾仁泥、鸡肉碎和香菇碎，大火煮沸后，转小火。

4. 慢慢滑入豆腐脑，略煮后关火盛出即可。

鸡蛋蒸糕

原料：洋葱20克，胡萝卜20克，菠菜20克，鸡蛋1个。

做法

1.将洋葱、胡萝卜、菠菜用开水焯一下，然后切碎。

2.鸡蛋取蛋黄，打散后加等量凉开水搅匀，加蔬菜上锅蒸至软嫩即可。

番茄土豆羹

原料：番茄、土豆各1个，肉末30克。

做法

1.番茄洗净，去皮，切碎；土豆洗净，煮熟，去皮，压成泥。

2.将番茄碎、土豆泥和肉末一起搅匀，上锅蒸熟即可。

蔬菜豆腐泥

原料：胡萝卜10克，豌豆半条，嫩豆腐1/6块，生蛋黄1个。

做法

1.将胡萝卜洗净，去皮；豌豆烫熟，均切成极小块。

2.将水与胡萝卜、豌豆放入小锅，将豆腐边捣碎边加进去，煮到汤汁变少。

3.最后将蛋黄打散加入锅里煮熟即可。

肉泥

原料：新鲜的猪瘦肉、植物油、高汤、淀粉各适量。

做法

1.将猪瘦肉洗净，去皮，挑去筋，切成小块，放到绞肉机里绞碎或用刀剁碎。

2.加上淀粉拌匀，放到锅里蒸熟。

3.锅内加入少许植物油，下入肉末，加入少许高汤，在文火上炒成泥状，待肉末炒熟后，用勺子碾碎即可。

翠绿粥

原料：菠菜20克，鸡蛋1个，米饭100克。

做法

1.将菠菜洗净切成小段，放入锅中，加少量水熬煮成糊状。
2.取出煮好的菠菜，以汤匙压碎成泥状。
3.将鸡蛋置于水中煮熟，取蛋黄，以汤匙压碎成泥状。
4.米饭加水熬成稀饭，然后将菠菜泥与蛋黄泥拌入即可。

鱼泥豆腐粥

原料：熟鱼肉、盒装嫩豆腐、苋菜嫩叶、米粥、高汤、熬熟植物油各适量。

做法

1.豆腐切细丁；苋菜取嫩芽开水烫后切细碎；熟鱼肉压碎成泥（不能有鱼刺）。
2.将米粥加入鱼肉泥、高汤（鱼汤）煮熟烂。
3.再加入豆腐与苋菜及熬熟的植物油，煮烂即可。

猪骨胡萝卜泥

原料：胡萝卜1小段，猪骨、醋各适量。

做法

1.猪骨洗净，与胡萝卜同煮，并滴2滴醋进去。
2.待汤汁浓厚，胡萝卜酥烂时捞出猪骨和杂质，用勺子将胡萝卜碾成泥即可。

贝母粥

原料：川贝母、大米粥各适量。

做法

1.将贝母研成细末备用。
2.将大米粥先用小火煮开，加入贝母粉，再用小火烧煮片刻即成。

 蔬果虾蓉饭

原料：大虾2只，番茄1个，香菇3个，胡萝卜1个，西芹少许，米饭适量。

做法

1.把番茄放入开水中烫一下，然后去皮，再切成小块；香菇洗净，去蒂切成小碎块；胡萝卜切粒；西芹切成末。

2.大虾煮熟后去皮，取虾仁剁成蓉。

3.把所有菜果放入锅内，加少量水煮熟，最后再加入虾蓉一起煮熟，把此汤料淋在饭上拌匀即可。

 奶油豆腐

原料：豆腐1/6块，奶油半杯。

做法

1.将豆腐切成小块。

2.将豆腐与奶油加水同煮，煮熟即可。

 肉泥米粉

原料：猪瘦肉50克，米粉100克，香油适量。

做法

1.把猪瘦肉洗净，剁成泥，加入米粉、香油，搅拌均匀成肉泥。

2.将拌好的肉泥放入碗内，加少许水，放入蒸锅中，用中火蒸7分钟至熟即可。

菠菜肉末粥

原料： 菠菜、土豆、熟粥、蒸熟肉末、高汤、熬熟植物油各适量。

做法

1.菠菜洗净用开水烫过后剁碎；土豆蒸熟捣成泥备用。

2.将熟粥、熟肉末、菠菜碎、土豆泥及适量高汤放入锅内，小火烧开煮烂后，加入熬熟的植物油即成。

 鳕鱼粥

原料： 鳕鱼50克，青豆30克，大米60克，鲜牛奶少许。

做法

1.鳕鱼洗净切丁；青豆捣碎备用。

2.锅内放适量的清水，放入大米和青豆同煮，水沸腾后放入鳕鱼，转小火熬粥。

3.粥快成时放入鲜牛奶，再次沸腾后熄火即可。

 紫米红豆粥

原料： 紫米100克，红小豆50克。

做法

1.红小豆洗净，用清水浸泡1小时，捞出，沥干水分；紫米洗净，沥干水分。

2.锅置火上，加入适量清水、红小豆和紫米，大火煮沸后，转小火煮45分钟至粥黏稠即可。

 草莓绿豆粥

原料： 大米100克，绿豆50克，草莓100克。

做法

1.绿豆挑去杂质，淘洗干净，用清水浸泡4小时；草莓择洗干净，切成碎末。

2.大米与泡好的绿豆一起放入锅内，加入适量的清水，用旺水烧沸后，转微火煮至米粒开花，绿豆酥烂，加入草莓碎末搅匀，稍煮一会儿即可。

虾仁豌豆泥粥

原料：熟虾仁、嫩豆腐、鲜豌豆、熟粥、高汤、熬熟植物油各适量。

做法

1.熟虾仁剁碎备用；嫩豆腐用清水清洗剁碎；鲜豌豆加水煮熟压成泥备用。

2.将熟粥、熟虾仁碎、嫩豆腐碎、鲜豌豆泥及高汤放入锅中，开小火烧开煮烂后，加入熬熟的植物油即可。

鲑鱼面

原料：鲑鱼30克，面条30克，丝瓜30克。

做法

1.面条放入沸水中煮熟，捞起，切成小段。

2.丝瓜洗净，切细丝。

3.锅内放适量清水，煮开后放入鲑鱼，煮熟后，再放入切好的丝瓜和面条，都煮熟即可。

白菜烂面条

原料：挂面10克，白菜叶30克。

做法

1.白菜叶洗净，切丝。

2.挂面掰碎，放进锅里，加水适量，待煮沸后，转小火时加入白菜丝一起稍煮，大约5分钟后起锅即可。

法式薄饼

原料：低筋面粉150克，鸡蛋2个，牛奶少许，奶油、植物油各适量。

1.将鸡蛋打散后，加入低筋面粉和一半的牛奶一起拌匀。

2.拌匀后再加入几滴植物油与另一半的牛奶拌匀，密封冷藏一夜。

3.隔日取出，将平底锅抹上奶油后加热，再将前面准备好的材料舀入锅中，煎至一面出现金黄色纹路时翻面，翻面稍煎即可起锅。

冬瓜蛋花汤

原料：冬瓜50克，鸡蛋半个，鸡汤2大匙，植物油少许。

1.将冬瓜去皮，切成菱形小片；鸡蛋磕入碗内，搅匀备用。

2.将植物油放入锅内，热后下入冬瓜煸炒几下，加入鸡汤烧开，出锅前淋入鸡蛋液即可。

三色肝末

原料：鸡肝25克，胡萝卜、番茄、菠菜叶各10克，洋葱10克，肉汤适量。

1.将鸡肝洗净切碎；洋葱剥去外皮切碎；胡萝卜洗净切碎；番茄用开水烫一下，剥去皮切碎；菠菜择洗干净，取叶切碎备用。

2.把切碎的鸡肝、洋葱、胡萝卜一起放入锅中，加适量肉汤煮熟，最后加入番茄、菠菜，继续煮片刻即成。

第9个月 宝宝喂养方案

 身体发育及营养需求

 宝宝身体发育指标

项目／性别	男宝宝	女宝宝
身高	67.9～77.5厘米，平均72.7厘米	66.5～76.1厘米，平均71.3厘米
体重	7.3～11.4千克，平均9.4千克	6.8～10.7千克，平均8.8千克
头围	43.0～48.0厘米，平均45.5厘米	42.5～46.9厘米，平均44.7厘米
胸围	41.6～49.6厘米，平均45.6厘米	40.4～48.4厘米，平均44.4厘米
囟门	前囟2×2厘米	前囟2×2厘米
牙齿	平均3～5颗乳牙	平均3～5颗乳牙

宝宝身体发育特点

1 牙齿

宝宝乳牙开始萌出的时间，大部分在6~8个月时，最早可在4个月，最晚的可能在10个月时。婴儿乳牙萌出的数目可用公式计算：月龄减去4~6，例如9个月的宝宝，9-（4~6）=5~3。应该出牙3~5颗。

2 动作发育

9个月的宝宝能够坐得很稳，能由卧位坐起而后再躺下，能够灵活地前、后爬，能扶着床栏杆行走。

会抱娃娃、拍娃娃，能模仿成年人的动作，双手会灵活地敲积木，会把一块积木搭在另一块上，或者用瓶盖去盖瓶子口。

3 语言发育

在语言能力上，一般女婴发育比男婴早，9个月时，有许多女宝宝都会说话，叫人了，但是男宝宝说话较晚。10个月的婴儿能模仿大人的声音说话，说一些简单的词，能理解一些简单的常用词语，并会一些表示词义的动作。这个月的宝宝喜欢和成人交往，并且能模仿成人的举动。

4 睡眠

9个月的宝宝睡眠与8个月差不多，每天需睡14~16小时，白天睡两次。正常健康的宝宝在睡着之后，应该嘴和眼睛都闭好，睡得很甜。若不是这样，就该找一找原因。

5 心理发育

9个月的宝宝知道自己的名字，叫到名字时会答应。如果想拿某种东西，家长严厉地说"不能动！"他会立即缩回手来，停止行动。这表明，9个月的宝宝已经开始懂得简单的语意了。这时，如果跟宝宝说再见，他会招一招手；给宝宝不喜欢的东西会摇头；玩得高兴时，会咯咯地笑，并且手舞足蹈，表现得非常欢快活泼。

9个月的宝宝在心理要求上丰富了许多，喜欢翻转起身，能爬行移动，扶着床栏杆站得很稳。喜欢和小朋友或成人做一些合作性的游戏，喜欢照镜子观察自己，喜欢观察物体的不同形态和构造，喜欢家长对自己的语言及动作技能给予表扬和称赞，喜欢用拍手欢迎、招手再见的方式与周围的人交往。

9个月的宝宝喜欢听别人夸奖，这是因为语言行为和情绪都有进展，能听懂父母的夸奖和鼓励一类词句，因而能做出相应的反应。

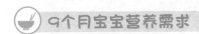

9个月宝宝营养需求

宝宝长到9个月以后，消化能力比以前增强了，母乳仍是现阶段重要的食物。虽然宝宝的摄取量越来越多，但是一天所需要的热量，仍有三分之一来自于乳类。此外，要适当增加辅食和水果来满足宝宝的营养需求。

喂养禁忌：不宜用果汁喂药

宝宝生病了需要吃药，而一般的药物大都有些苦味或怪味，宝宝不愿意吃，家长喂起来也很费劲，于是许多家长便想到用味甜爽口的果汁给宝宝喂药。这种做法是不正确的。因为各种果汁饮料中，通常都含有果酸和维生素C。这些酸性物质易使药物提前溶化或分解，不利于药物在肠道内的吸收，影响疗效。有的药物在酸性环境中毒副作用还会增加，给宝宝的健康造成不良的影响。

因此，给宝宝喂药时不宜用果汁或其他酸性饮料，最好用白开水。即使要给宝宝喝果汁，也最好与服药时间间隔一个半小时。

 # 宝宝辅食添加的要点

7个月的宝宝已经开始长牙了，有了一定的咀嚼能力，从现在开始应该在饮食中添加一些粗纤维的食物，这样有利于乳牙的萌出。在给宝宝添加粗纤维的食物时，要将粗的、老的部分去掉，以免难于咀嚼，影响宝宝的进食兴趣。

好妈妈须知

当宝宝感到饥饿时，会更容易接受新食物，因此，妈妈在给宝宝添加新的辅食时，最好选在喂奶之前喂食，两餐之间的辅食内容最好选择不一样的，这样有利于让宝宝逐渐适应各种不同的味道。

 营养小窍门

宝宝的辅食中，要注意添加面粉类的食物，其中的糖类可以为宝宝提供每天活动和生长的热量，另外其中含有的蛋白质可以促进宝宝身体组织的生长发育。

小贴士

什么是食物过敏

食物过敏是这个阶段的宝宝比较常见的小儿过敏性疾病的一种，主要是因吃了易过敏的食物而发病。食物过敏一般有速发型过敏反应和缓发型过敏反应两种类型。

速发型过敏反应一般是吃了过敏食物2小时以内出现呕吐、腹痛、腹泻等，还可能伴有发热，甚至呕血、便血、过敏性休克等。缓发型过敏反应则是在吃了过敏性食物2天内出现荨麻疹、血尿、哮喘发作等。常见的容易引起过敏的食物有：鸡蛋、牛奶、花生、大豆、小麦、鱼、虾、鸡肉等蛋白质比较丰富的食物。

一般说来，第一种情况比较少见，但一旦发生危险比较大；而第二种情况较为常见。一旦发现宝宝有食物过敏，要及时到医院确诊，及时采取相应的措施，并暂时不要给宝宝喂食引起过敏反应的食物了。

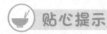 贴心提示

不要给宝宝吃油脂含量高的食物，如五花肉、未去油的高汤等，以免引起宝宝腹泻，因为这个时期的宝宝的肠道对油脂的吸收能力还不是很强。

专家答疑

宝宝需要额外补充营养素吗？

因人而异。母乳喂养的宝宝，在出生的头几个月里，几乎不需要额外补充任何营养素，而非母乳喂养的宝宝就需要适量补充营养素。

科学喂养宝宝，就要了解宝宝不同时期的营养需要，根据情况来决定怎样喂食。从各种食物的搭配组合中调整营养的均衡，这才是科学喂养的根本。哺喂过程中，只有当食物不能充分满足宝宝的生长需要时，才能用营养剂作为补充，而且每种营养剂补多少，要根据宝宝的具体情况综合分析。在这个问题上，父母可根据宝宝的身体发育情况，咨询相关的医生。

一日食谱推荐

上午	6：00	母乳或配方奶200~220毫升
	8：30	面包片（馒头片）30克，水果泥100~150克
	10：30	小白菜蛋花面100克
	12：00	母乳或配方奶200~220毫升
下午	15：00	鲜虾小馄饨80克
	18：30	清蒸鳕鱼25克，土豆泥50克，小米粥25克
晚上	21：00	母乳或配方奶200~220毫升
每天给宝宝喂1次适量鱼肝油，并保证饮用适量白开水		

第9个月 宝宝营养食谱

奶味豆浆

原料： 黄豆粉10克，全脂奶粉10克。

做法

1.将黄豆粉用凉水调开，再加入适量水，放入锅内充分加热煮沸，边加热边搅拌，待无豆腥味时即可盛出。

2.豆浆略温后，加入奶粉调匀即可。

鸡肉土豆泥

原料： 土豆1小块（50克左右），鸡胸肉30克，鸡汤50克，牛奶20毫升（冲调好的配方奶也可以）。

做法

1.将鸡胸肉洗净，剁成肉末备用；土豆洗净，去皮后切成小块，煮至熟软后用小勺压成泥。

2.锅内加入鸡汤，加入土豆泥、鸡肉末煮至鸡肉半熟。

3.倒到一个稍大一点的碗里，用勺子把鸡肉研碎，再倒回锅里。

4.加入牛奶（或配方奶），继续煮至黏稠，即可。

菠菜鸡肝泥

原料： 菠菜20克，鸡肝2块。

做法

1.将鸡肝清洗干净，去膜、去筋，剁碎成泥状。

2.菠菜洗净后，放入沸水中焯烫至八成熟，捞出，凉凉，切碎，剁成蓉状。将鸡肝泥和菠菜蓉混合搅拌均匀，放入蒸锅中大火蒸5分钟即可。

豌豆蛋黄泥

原料： 豌豆100克，鸡蛋1个，大米50克。

做法

1.豌豆去豆荚，用搅拌机打成浆，或剁成蓉状；鸡蛋煮熟，捞起，取出蛋黄，压成蛋黄泥。

2.大米洗净，浸泡2个小时左右，连水放入锅中，倒入豌豆浆或豌豆蓉煮至糊状，拌入蛋黄泥焖5分钟即可。

三色豆腐虾泥

原料： 胡萝卜1根，豆腐50克，虾30克，油菜2棵，植物油少许。

做法

1.胡萝卜洗净，去皮，切碎；虾去头、皮、纱线，剁成虾泥；油菜洗净后，用热水焯过，切成碎末；豆腐冲洗过后，压成豆腐泥。

2.锅内倒油，烧热后下入胡萝卜末煸炒，半熟时，放入虾泥和豆腐泥，继续煸炒至八成熟时再放入碎菜，待菜烂时即可。

猪血菜肉米粉

原料：米粉3勺（30克左右），新鲜猪血20克，猪瘦肉20克，嫩油菜叶5克，温开水适量。

做法

1.将猪瘦肉洗净，用刀剁成极细的蓉；将猪血洗净，切成碎末备用；油菜洗干净，放入开水锅里余烫一下，捞出来剁成碎末。

2.将米粉用温开水调成糊状，倒入肉末、猪血、油菜末搅拌均匀。

3.把所有的材料一起倒入锅里，再加入少量温开水，边煮边搅拌，用大火煮10分钟左右即可。

牛肉蔬菜燕麦粥

原料：新鲜牛肉（瘦）50克，新鲜番茄半个（60克左右），大米50克，快煮燕麦片30克，新鲜油菜1棵，清水适量。

做法

1.将大米淘洗干净，先用冷水泡2个小时左右；将燕麦片与半杯冷水混合，泡3小时左右。

2.将牛肉洗干净，用刀剁成极细的茸，或用料理机绞成肉泥。

3.将油菜洗干净，放入开水锅中余烫一下，捞出来沥干水，切成碎末备用；番茄洗干净，用开水烫一下，去掉皮和子，切成碎末备用。

4.锅内加水，加入泡好的大米、燕麦片和牛肉，先煮30分钟。加入油菜和番茄，边煮边搅拌，再煮5分钟左右即可。

蔬果羹

原料：苹果、红薯、水各适量。

做法

1. 苹果，红薯洗净，切小块。

2. 小奶锅里倒入适量清水，再放入苹果和红薯一起煮。

3. 苹果和红薯煮软后，连同汤汁一起倒入搅拌机中。

4. 将苹果、红薯一起打成糊糊即可。

鳕鱼豆腐粥

原料：鳕鱼50克，豆腐50克，米粥1小碗，淡盐水适量。

做法

1. 将鳕鱼洗净并且去皮、剔刺，用淡盐水浸制半小时，放在蒸锅上蒸熟。

2. 将豆腐切成小块，并用开水焯烫熟备用。

3. 将熟制的鱼肉切成碎末，同豆腐一起混入米粥中搅拌均匀即可。

桂花红薯粥

原料：红薯块、玉米渣、大米各适量，糖腌桂花少许。

做法

1. 将红薯块放入已放好大米、玉米渣的粥锅中，加入适量水煮熟。

2. 在粥中加入一点点糖腌桂花，调匀，待温后即可喂食。

虾末菜花

原料：菜花40克，虾10克。

做法

1. 菜花洗净，放入沸水中煮软后切碎。

2. 虾洗净，去除纱线，放入沸水中煮后剥皮，切碎，煮熟。

3. 将熟虾仁碎倒在菜花上即可。

酸奶香米粥

原料： 香米50克，酸奶50毫升。

做法

1.将香米淘洗干净，加清水浸泡3个小时。

2.将锅置火上，放入香米和适量的清水，用大火煮沸，再转小火熬成烂粥，即可关火。

3.待粥凉至温热后，在粥里加入酸奶搅拌均匀即可。

山药羹

原料： 山药100克，糯米50克，枸杞子适量。

做法

1.山药去皮，洗净，切小块；糯米淘洗干净，放入清水中浸泡3小时。

2.将糯米和山药一起放入搅拌机中打成汁备用。

2.将糯米山药汁、枸杞子放入锅中煮成羹即可。

鸡肉蒸豆腐

原料： 豆腐50克，鸡胸肉25克，新鲜鸡蛋1个，水淀粉5克，香油1克。

做法

1.将豆腐洗净，放入开水锅中煮1分钟左右，捞出来沥干水分，压成泥，摊入抹过香油的小盘内。

2.将鸡蛋洗净，打到碗里，用筷子搅散。

3.将鸡胸肉洗净，剁成细泥。放到碗里，加入鸡蛋液及水淀

粉，调至均匀有黏性，摊在豆腐上面。

4.放到蒸锅里，用中火蒸12分钟。取出后搅拌均匀即可。

虾仁炒蛋

原料： 新鲜鸡蛋1个，新鲜虾仁20克，橄榄油10克。

做法

1. 将鸡蛋洗干净，打入碗中，用筷子搅散。
2. 将虾仁洗干净，拍碎，剁成细末。
3. 在蛋液中加入虾仁调匀。
4. 将橄榄油加入锅中稍热，倒入蛋液，炒散即可。

胡萝卜番茄汤

原料： 胡萝卜1小根，番茄1个，水适量。

做法

1. 胡萝卜洗净去皮，研磨成泥。
2. 番茄放入沸水中浸泡，去皮，打成糊状。
3. 锅中放水，水沸后，放入胡萝卜泥和番茄糊，用大火煮开后，改小火煮至熟透即可。

香菇火腿蒸鳕鱼

原料： 鳕鱼肉100克，火腿10克，香菇2朵（干、鲜均可），料酒适量。

做法

1. 将香菇淘洗干净泥沙，再除去菌柄，切成细丝（新鲜香菇直接洗干净除去菌柄即可）。
2. 将火腿切成细丝备用；鳕鱼洗干净备用。
3. 将鳕鱼块放进盘里，在鳕鱼上铺上一层香菇丝和火腿丝，放到开水锅里用大火蒸8分钟左右。
4. 倒入料酒，再用大火蒸4分钟，取出后去掉鱼刺，即可。

猪肝汤

原料： 新鲜猪肝30克，土豆半个（50克左右），嫩菠菜叶10克，高汤少许，清水适量。

做法 •

1.将猪肝洗干净，去掉筋、膜，放在砧板上，用刀或边缘锋利的不锈钢汤匙按同一方向以均衡的力量刮出肝泥和肉泥。

2.土豆洗净，去皮后切成小块，煮至熟软后用小勺压成泥。

3.将菠菜放到开水锅中焯2～3分钟，捞出来沥干水分，剁成碎末。

4.锅里加入高汤和适量清水，加入猪肝泥和土豆泥，用小火煮15分钟左右，待汤汁变稠，把菠菜末均匀地撒在锅里，熄火，即可。

虾仁金针菇面

原料： 龙须面适量，新鲜金针菇50克，虾仁20克，新鲜菠菜2棵，植物油5克，香油2～3滴，高汤适量。

做法 • • • • • • • • • • •

1.将虾仁洗干净，煮熟，剁成碎末。

2.将菠菜洗干净，放入开水锅中焯2～3分钟，捞出来沥干水，切成碎末备用。

3.将金针菇洗干净，放入开水锅中余一下，切成1厘米左右的小段备用。

4.锅内加入植物油，待油八分热时，下入金针菇翻炒。

5.加入高汤（如果没有高汤也可以加清水），放入虾仁和碎菠菜，煮开，下入准备好的龙须面，煮至汤稠面软，滴入几滴香油调味，即可出锅。

番茄鸡蛋什锦面

原料： 新鲜鸡蛋1个，儿童营养面条50克，番茄半个（30克左右），干黄花菜5克，花生油10克，清水适量。

做法

1.将黄花菜用温水泡软，择洗干净，切成3厘米长的小段；番茄洗净，用开水烫一下，剥去皮，去掉子，切成碎末备用。

2.鸡蛋洗净，打到碗里，用筷子搅散。

3.锅内加入花生油，烧到八成热，下入黄花菜，稍微炒一下。

4.加入番茄末煸炒几下，再加入适量的清水，煮开。

5.下入面条煮软，淋上打散的蛋液，煮至鸡蛋熟时熄火，即可。

核桃蛋糕

原料： 蛋清250克，粟粉320克，塔塔粉10克，细碎核桃仁50克，打发的奶油、植物油各适量。

做法

1.蛋清倒入搅拌缸内快速搅至七成发泡，加入塔塔粉搅至八成发泡，再加入粟粉、细碎核桃仁，用慢速搅匀成蛋糕糊。

2.烤盘上刷少许油，倒入蛋糕糊，刮平，放烤箱中烤20分钟，取出凉凉，抹上打发的奶油，卷起切片即可。

营养专题：辅食制作技术指导

宝宝辅食的烹调要领

制作前的准备

首先是要注意卫生。制作前必须剪短指甲，用肥皂反复洗手；患传染病或手部发炎时，不要为宝宝做食物。用来制作和盛放食物的各种工具要提前洗净并用开水烫过；过滤用的纱布使用前要通过煮沸消毒。不管是水果还是蔬菜都要反复清洗，并用开水烫一遍，以保证宝宝吃的东西不会被细菌污染。

其次是要为宝宝准备一套专用的工具，如榨汁机（榨汁、干粉、压汁全带的那种最好）、研磨器、干净纱布等。一来使用起来比较方便，二来也能避免和成人的餐具混用，形成交叉感染。

烹调时的注意事项

要注意根据宝宝的消化能力调节食物的性状和软硬度。开始时将食物处理成汤汁、泥糊状，慢慢地过渡到半固体、碎末状、小片成形的固体食物。

给宝宝的食物不要用铜质、铝质的炊具来烹煮，因为铜能和一些食物中的维生素C产生氧化反应，破坏维生素C的作用；铝则会在酸性环境下溶解在食物中，对宝宝的健康不利。

蒸有皮的食品要连皮蒸，蒸完后再剥皮。用蒸、加压或不加水的方法烹煮蔬菜，要尽可能减少蔬菜与光、空气和水的接触。给宝宝制作食物时最好不要添加苏打粉，否则会造成维生素及矿物质的损失。

还要注意控制食物的温度。最好不要在微波炉中加高温，以免破坏食物中的营养素。

 营养巧搭配

不同类型的食物所含营养成分不一样，这些不同的营养成分在互相搭配的时候还会产生互补、增强和阻碍的作用。如果能注意到食物中的营养差别，给每一种食材找到它的"最佳搭档"，就能提高食物的整体营养价值，为宝宝的辅食加分。

比如：动物性的食物和植物性的食物、粗粮和细粮相搭配，其中的蛋白质能起到互补作用，提高各自的营养价值和利用率。

碳水化合物和脂肪能供给人体充足的热量，和鸡蛋、牛奶、肉类等含蛋白质丰富的食物搭配，能使宝宝吃进去的蛋白质充分发挥修补组织的作用，有利于宝宝的生长发育。

水果类辅食的制作要领

果汁

为宝宝制作果汁的时候，一定要选择新鲜、无裂伤、碰伤并且熟透的水果。一些汁水丰富的水果，像苹果、梨、桃、橙子，都可以成为制作时的首选。制作的时候可以选择新鲜的水果用榨汁机直接榨汁，也可以把水果放到锅里煮成果水，给宝宝饮用。

⭐ 果泥

在4~6个月时，可以先给宝宝吃苹果、葡萄、梨子等不容易引起过敏的水果制成的果泥，满6个月后再给宝宝加柑橘类水果制成的果泥。

果泥的制作很简单：有的水果可以直接用小勺刮出泥给宝宝吃，如苹果、香蕉等。把苹果或香蕉洗净，苹果是一切两半，香蕉是剥去一边皮，用小勺轻轻刮成泥，随刮随喂，既卫生又方便。还有一种做法是先把水果做熟再制成泥。做的时候把水果洗干净，去皮、去核，切成碎块，隔水蒸烂，搅拌成泥就可以给宝宝吃了。

制作果泥前水果的清洗十分重要。因为目前市场上出售的水果绝大部分都用过农药，一定要充分冲洗才能保证宝宝不至于把残留的农药吃进肚子里去。对苹果、梨子等容易去皮的水果，洗的时候只要先洗净再用清水浸泡15分钟就可以了；对皮薄或无皮的葡萄、草莓、杨梅等小水果，最好是先用清水浸泡15分钟，再用淡盐水浸泡10分钟左右，最后用清水冲洗干净。

给宝宝制作果泥的时候，一定要注意卫生。所有工具使用前都必须充分消毒，使用的过程中也要注意不要被其他地方的细菌所污染。

尽管市场上有现成的果泥出售，从营养和卫生的角度来看，还是自己制作、现做现吃比较好。

蔬菜类辅食的制作要领

 ### 菜汁

可以用来为宝宝制作菜汁的蔬菜有很多，像胡萝卜、黄瓜、番茄、油菜、菠菜、小白菜等都可以。只要是用新鲜的蔬菜做出来的菜汁，宝宝一般都会喝。

但是要注意一点：不能用大蒜、香菜等味道太浓烈的蔬菜做菜汁，即使作配料也不行，因为它们对宝宝的胃肠刺激太大，会妨害宝宝本来就没有发育完全的消化系统的功能。而菠菜、苦瓜之类味道苦涩的蔬菜也不适合用来做菜汁，因为宝宝可能会不喜欢它们的味道。

菜泥

蔬菜可以使宝宝获得必须的维生素C和矿物质，并能起到防治便秘的作用。之前可能已经给宝宝添加过了新鲜的菜汁和蔬菜水，现在可以给宝宝加一点蔬菜泥，让宝宝尝试一下蔬菜的新吃法。可以用来做菜泥的蔬菜品种很多，如新鲜的绿叶蔬菜、胡萝卜、土豆等，都可以用来作为制作材料。

制作方法也很简单：把选好的新鲜蔬菜洗净切碎，加上水，煮沸15分钟左右，取出来用汤勺碾碎，筷子拣出粗纤维，或用滤网过滤，就得到富含维生素的蔬菜泥了。

 ## 肉类辅食的制作要领

肉泥

7个月的宝宝可以添加肉类辅食。7个月的宝宝还没有长牙，消化功能也很弱，所以不能弄成块的肉给他吃。那该怎么办呢？我们可以把肉打成泥，就可以解决问题了。一开始可以给宝宝添加一些肉质细嫩并且容易消化的鱼肉泥，等宝宝适应了以后，再给宝宝添加猪肉、鸡肉、牛肉等各种肉泥。

肉末

7~8个月的宝宝咀嚼能力还比较低，大多数还吃不了肉丁、肉丝，要想通过吃肉给宝宝补充营养，制作肉末的功夫是一定要学好的。

把买来的瘦肉（猪里脊肉或羊肉、鸡肉都可以）洗干净，先剁成细末，再稍微加一点水淀粉和调味品调匀，就可以用各种各样的做法做给宝宝吃了。也可以从煮熟的肉块上直接取肉给宝宝做肉末，但是要注意煮的时候不要加太多调料。

如果放到蒸锅里蒸，就成了蒸肉糕。如果加上菜泥一起炒，就成了蔬菜炒肉末。如果加到粥或面里一起煮，就成了肉末粥（面）。

肝泥

动物肝脏营养丰富，含有优质蛋白质、脂肪、钙、磷、铁及维生素等营养物质，尤其是含有丰富的铁，有利于满足宝宝对铁的需要，帮宝宝预防缺铁性贫血。每星期给宝宝添加1~2次肝泥（每次约25克），就能有效地预防缺铁性贫血。

各种动物肝脏中最好的是鸡肝。因为鸡肝质地细腻，味道比别的肝类鲜美，宝宝容易接受，也比较容易消化。猪肝比较硬，即使捣碎了也会有颗粒，吃起来口感不太好，也容易出现积食，一般不作为给宝宝添加肝脏类食物的首选。鱼肝、狗肝含有毒素，不能给宝宝吃。

想给宝宝做出好吃的肝泥，关键在于掌握好刀法。正确的刀法是：不要剁，要刮。先用斜刀将肝剖成两半，再用刀在肝的剖面上刮出酱紫色的糊样细末（比较关键，一定要注意），再加入一点点水和香油，把刮出来的肝末调成泥状，隔水蒸8分钟左右就可以了。

还有一种做法是把刮出来的肝末用水调成泥状，再用植物油急火炒熟。炒的时候容易流失维生素，所以要先加点水淀粉拌一拌，还能改善肝泥的口感，使它软滑可口。

给宝宝添加肝泥的时候要注意一点：肝泥质地较干，容易使宝宝噎到，最好是加到粥里或用牛奶调成糊状喂给宝宝，不要直接给宝宝吃肝泥。

蛋类辅食的制作要领

蛋黄泥

宝宝4个月后，就要开始考虑添加蛋黄。这时候宝宝从妈妈那里得到的铁已经被消耗得差不多了，必须通过吃富含铁质的食物进行补充。蛋黄含有丰富的铁质、蛋白质和脂类，又容易消化，经常被妈妈们选择作为最早添加的蛋白质类辅食。

蛋黄泥的制作也很简单：取一个新鲜的鸡蛋洗净，放到加了冷水的锅中煮10分钟左右，取出来剥去蛋壳，去掉外面的那层蛋白，把蛋黄（根据宝宝的食量，一般从1/4个蛋黄开始添加）放到一个小碗里研碎，再加入少量的开水或牛奶（米汤也可以），用小勺搅匀就可以了。

在制作的时候需要注意的是：凉水下锅，这样不易煮坏；煮好后立刻用凉水浸泡，这样容易剥去蛋壳。给6个月以内的宝宝制作蛋黄泥的时候一定要把蛋白挑干净，因为蛋白是很容易过敏的东西，这个时候还不能给宝宝吃。

蒸蛋

蒸鸡蛋羹很容易，只要把新鲜鸡蛋洗干净，打到碗里搅散，在蛋液里加入适量的凉开水，再放到锅里蒸5~10分钟就可以了。

需要注意的是：一定要在蛋液里加凉开水，不能加生水和热开水。因为生水中有空气，在蒸制的过程中会使蛋羹出现小蜂窝状的气泡，使蛋羹不够嫩滑，营养成分也会受损；热开水会使鸡蛋的营养成分受到破坏，也不宜用来蒸蛋羹。

如果对蒸蛋羹没有经验，可以在时间差不多的时候，用干净的筷子挑开蛋羹的表面，看看里面的蛋液凝固了没有。如果凝固了，说明蛋羹已经蒸熟，就可以熄火了。如果还没有凝固，就需要再蒸2~3分钟。

粥饭类辅食的制作要领

米糊和稀粥

　　米糊就是煮粥的时候漂在最上面的那一层白色的糊，因为口感细腻、富于营养，通常被认为是给宝宝添加辅食时的首选。现在市场上有很多配制好的米糊出售，如果不喜欢用，也可以自己制作。

　　具体的做法：取适量的大米用冷水泡至米发涨，用料理机把泡好的大米打成粉，再加水（米和水的比例是1∶10左右），用小火煮成粥就好了。自己做的米糊最大的特点就是新鲜，营养流失少，而且绝对不含添加剂，宝宝吃得比较放心；煮粥的时候还可以加上各种菜汁和果汁，增加米糊的营养。而市面上出售的成品米糊因为经过很多道加工，营养流失得比较多；而且为改善口味，绝大部分都加了白砂糖，吃多了对宝宝的大脑细胞发育不利。

肉末蔬菜粥

　　进入第七个月，宝宝开始长牙了。这时候如果只给宝宝喝流质或半流质的稀粥，不利于宝宝咀嚼能力的发展，在粥里添加一些蔬菜、肉末等需要咀嚼的东西，不但能帮宝宝锻炼咀嚼能力，还增加了粥的营养，可以说是一举两得。

　　肉末蔬菜粥的做法并不复杂，只要先用大米或小米煮粥，粥快好时加入切碎的蔬菜和事先准备好的肉末，将肉末、菜末和粥一起煮熟就可以了。

蒸软饭

既然叫做"饭"，就要有一定的黏稠度，不能像粥一样稀，那样水分太多，不能给宝宝提供充足的营养。但也不能直接把大人们吃的米饭给宝宝吃，那样的米饭太硬，宝宝难以咀嚼和消化。给宝宝吃的软饭应该介于粥和米饭之间，关键在于掌握好米和水的比例。

一般来说，米和水的比例应该是1：2，如果想用2勺大米蒸软饭的话，只要加上4勺水，再用电饭锅焖熟就可以了。

如果觉得白米饭太单调，还可以加上各种蔬菜和肉末，做成花样丰富的菜肉软饭，既能提起宝宝的兴趣，还可以为宝宝补充丰富的营养。

做菜肉软饭，首先是按米和水1：2的比例，蒸出比较软的白米饭；然后把想放到饭里的各种蔬菜洗干净（可以根据时令的变化和营养的需要调整蔬菜和肉末的种类），切成碎末；再把肉洗干净，切咸肉末，下到锅里用油炒散；最后加入准备好的米饭、蔬菜末、少许盐和一点点水，焖5分钟左右就可以了。

 # 面点类辅食的制作要领

蒸馒头

1.开始和面的时候揉成的面团要偏硬，不要太软。因为面团发起来后会变稀变软，开始揉的面团太软，后来就没法揉，做的馒头也会往下塌，吃起来也不好吃。

2.和面的时候水的温度要随着季节和气候而变化，一般冬天宜用温水，夏天宜用凉水。

3.做馒头时需要加入食用碱，可以帮助检测加的碱是否合适的方法如下：

（1）用手拍面团。如果听到"嘭嘭"声，说明酸碱度合适；如果听到"空空"声，说明碱放少了；如果发出"吧嗒，吧嗒"的声音，说明碱放多了。

（2）切开面团来看。如果切面上有分布均匀的芝麻粒大小的孔，说明碱放得合适；如果孔比较小，呈细长条形，面团颜色发黄，说明碱放多了；如果面团颜色发暗，出现不均匀的大孔，说明碱放少了。

（3）扒开面团嗅味。如果有酸味，说明碱放少了；如果有碱味，说明碱放多了；如只闻到面团的香味，说明碱放得正合适。

（4）揪下一点面团，放到口中尝味。如果有酸味，说明碱放少了；如有涩味，说明碱放多了；如果有甜味，说明碱放得正合适。

4.蒸馒头时，锅里必须加冷水，再逐渐升温，使馒头坯均匀受热。不要为了图快，一开始就用热水或开水，这样蒸出来的馒头容易夹生。

5.馒头蒸熟以后不要急于卸屉，先把笼屉的上盖揭开继续蒸3～5分钟，待最上面一屉馒头干结后再卸屉翻扣到案板上，取下屉布。这样就会使蒸出来的馒头既不粘屉布也不粘案板。

蛋糕

虽然现在可以很方便地买到各种各样的蛋糕，要想给宝宝吃的话最好还是自己做。因为蛋糕房做的蛋糕大部分都添加了泡打粉、色素、香精等对宝宝的身体健康不利的东西，自己做的话就可以避免了。

1.不能用刚从冰箱里取出的鸡蛋和牛奶做蛋糕。鸡蛋越新鲜，发泡力越强。如果用从冰箱里储存的鸡蛋来做，至少要在外面放到鸡蛋恢复到室温时再用来做。

2.一定不要用高筋面粉，否则蛋糕将发不起来。最好是用低筋面粉。如果没有低筋粉，用普通面粉加淀粉即可（普通面粉大部分是中筋粉）。

3.淀粉要用玉米淀粉。因为玉米淀粉里的凝胶物质对做蛋糕很有好处，是别的淀粉所不能替代的。

4.用来装蛋清和蛋黄的碗里不能有水和油，手上同样也不能有水和油。

5.将鸡蛋的蛋清、蛋黄分离时，蛋清里面一定不能有蛋黄，否则要花费很长的时间才能把蛋清打到起泡。

自制蛋糕的做法

首先是准备做蛋糕的原料：鸡蛋4个，低筋面粉1饭勺（80克左右），牛奶150克左右，白糖适量（可以根据宝宝的口味添加，最好不要太多），盐少许，色拉油少许。

准备好原料后，先要把鸡蛋洗干净，打到一个干净的碗里（碗要保持绝对的干净，既不能有水也不能有油），把蛋黄和蛋清分开。

在蛋清里加入一点点盐和1汤勺白糖（15克左右），然后用三根筷子沿着一个方向将蛋清打到起泡，再加入一汤勺白糖继续打，一直把蛋清打到发硬，即使把碗倒过来蛋清也不会流下来的时候就可以了（整个过程大概需要15分钟）。

然后，在蛋黄里加入30克白糖和准备好的面粉，再加入牛奶（如果没有牛奶，也可以用冲调好的配方奶或鲜榨的果汁），用干净的筷子搅匀。

先取1/3打好的蛋清，放到搅好的面粉糊里，用勺子上下搅拌均匀；再分成两次把剩下的蛋清加到面粉糊里，分别搅匀。

把电饭锅插上插头，按下"煮饭"键，进行一下预热（注意不要加水，可以用筷子压住锅底，加热1分钟）。在锅底和锅壁涂上一层色拉油（防止蛋糕糊在锅底倒不出来），把调好的面糊倒进锅的内胆里，用双手端着锅，在桌子上震几下，把里面的大气泡给震出来。

然后把锅胆放进外锅，按下"煮饭"键进行加热。当电饭锅跳到保温状态后用布把电饭锅上面的出气孔堵上，焖20分钟；再一次按下"煮饭"键，等电饭锅跳到保温状态后再焖20分钟（如果电饭锅的功率比较大的话，可以缩短焖的时间）就可以了。

出锅的时候只要准备一个干净的盘子，把蛋糕扣在盘子里，就可以切开给宝宝吃了。这样做出来的蛋糕，虽然样子没有蛋糕房的好看，鸡蛋味却要浓郁很多，吃起来口感也更松软。更重要的是，它绝对不含香精、色素等化学成分，宝宝可以放心地吃。

第 **4** 章

10~12个月：断奶进行时

第10个月 宝宝喂养方案

身体发育及营养需求

 宝宝身体发育指标

项目/性别	男宝宝	女宝宝
身高	68.9～78.9厘米，平均73.9厘米	67.7～77.3厘米，平均72.5厘米
体重	7.5～11.6千克，平均9.6千克	7.0～10.9千克，平均9.0千克
头围	43.2～48.4厘米，平均45.8厘米	42.7～47.2厘米，平均45.0厘米
胸围	41.9～49.9厘米，平均45.9厘米	40.7～48.7厘米，平均44.7厘米
囟门	前囟2×2厘米	前囟2×2厘米
牙齿	长出4～6颗乳牙	长出4～6颗乳牙

宝宝身体发育特点

10～12个月中,要抓住宝宝模仿能力增强的特点,做好语言训练;要多和宝宝说话,不怕重复,不怕没有内容,要多用普通话教宝宝。

1 牙齿

10个月的宝宝一般萌出了4～6颗牙齿,上边4颗和下边2颗切牙。但也有些宝宝从10个月才开始出牙,也属于正常情况。

2 动作发育

10个月的婴儿能稳坐较长的时间,能自由地爬到想去的地方,能扶着东西站得很稳。拇指和食指能协调地拿起小的东西。会招手、摆手等动作。

3 睡眠

10个月的宝宝大约每天需睡眠12～16小时。白天睡两次,夜间睡10～12小时。家长应该了解,睡眠是有个体差异的,有的宝宝需要的睡眠比较多,有的宝宝需要的睡眠就少一些。所以,有的宝宝到了10个月,每天还需要睡16小时,有的只需要睡12小时就足够了。只要宝宝睡醒之后表现非常愉快,精神很足,就不必勉强宝宝多睡。

4 心理发育

10个月的宝宝喜欢模仿着叫妈妈,也开始学迈步学走路了。宝宝喜欢东瞧瞧,西看看,探索周围的环境。在玩的过程中,还喜欢把小手放进带孔的玩具中,并会把一件玩具装进另一件玩具中。

5 理解力

宝宝会模仿成年人的动作，如摇头、点头、招一招手、眨一眨眼等。对一些简单的句子也能有所反应。叫到宝宝的名字时，宝宝会指指自己；向宝宝要手中的东西，宝宝会递给人；玩具能玩很长时间。对周围的一切有好感，总想去试探一下。

6 进食能力

食物在口中能很协调地转动咀嚼，杯中液体食物能连续4~5次吸吮。

 10个月宝宝营养需求

10个月宝宝的营养需求可以参考9月份的。添加辅食时，要补充足够的维生素C、蛋白质和矿物质，要让宝宝适量喝些牛奶，能补充足够的钙质。妈妈也要注意给宝宝多补充点B族维生素。

 小贴士

应让宝宝少吃的食物

爸爸妈妈在为宝宝准备辅食时，一般要回避以下几种食物：

蔬菜类：牛蒡、藕、腌菜等不易消化的食物。

香辣味调料：芥末、胡椒粉、姜、大蒜和咖喱粉等辛辣调味料。

某些鱼类和贝类：如乌贼、章鱼、鲍鱼以及用调料煮的鱼贝类小菜、干鱿鱼等。

此外，巧克力糖、奶油软点心、软黏糖类、人工着色的食物、粉末状果汁等也不宜多食。

 喂养禁忌：婴儿不能喝过多鲜牛奶

鲜牛奶对于婴儿来说并不合适。因为鲜牛奶中含有太多的大分子蛋白质和磷，而含铁太少。小婴儿胃肠道的消化功能还没有发育完善，给一些小婴儿喝鲜牛奶，很容易出现肠胃不消化和缺铁。鲜牛奶中叶酸含量也比较低，而叶酸是构成健康的红血球的营养基础。另外，牛奶中缺少构成婴儿健康红血球所需要的铁。1岁以后的孩子胃肠道的消化功能基本发育成熟，这个时候开始喂鲜奶比较合适。

另外需要注意的是，从母乳或奶粉过度到鲜奶需要有一个过程，可以先少量地添加，让孩子的胃肠道有一个适应的过程，在添加的过程中注意观察孩子的大便，如果大便正常可以酌情添加鲜奶的量。如果大便中出现奶瓣较多要酌情减量。

宝宝辅食添加的要点

在前几个月添加辅食的准备下，宝宝进入了断乳期，此时辅食的添加次数也应该增加。现在大多数宝宝已经长出了4~6颗牙齿，出牙较晚的宝宝，现在可能才刚刚长出第1颗牙齿。虽然宝宝的牙齿还很少，但他已经学会了用牙床咀嚼食物，这个动作也能更好地促进宝宝牙齿的发育。

 ## 好妈妈须知

妈妈不要给宝宝喂食加有人参、蜂王浆的食品，这些食品中含有性激素或含有促进性激素分泌的成分，宝宝吃了之后容易导致性早熟，影响正常的身体发育。

 ## 营养小窍门

妈妈在为宝宝准备辅食时，要尽量采用蒸、煮的方式，避免炸、炒的方式。因为采用蒸、煮的方式保留了食物中更多的营养元素，口感也比较松软，最适合这一阶段的宝宝食用。

 ## 贴心提示

从这个月开始，宝宝的授乳量明显减少了，添加的辅食也应该有所增加。辅食的质地要以细碎状为主，食物可以不必制成泥或糊，有些蔬菜只要切成薄片就可以了，因为经过前一段时间的咀嚼锻炼，宝宝已经不喜欢太软的流质或半流质食物了。

专家答疑

断奶晚好不好？

依据不同情况而定。宝宝断奶的时间常选择在出生后的第8~12个月，但是现在认为母乳喂养可以持续到2岁，特别是在贫困地区。

过早断奶，就必须添加过多的辅食，此时宝宝的消化能力尚未健全，容易引起消化不良、腹泻，影响健康；过晚断奶，因母乳的量及所含营养物质都逐渐减少，不能满足生长发育的需要，常会导致宝宝发生各种营养缺乏症。

因此，断奶是一个时段，应在宝宝4~6个月的时候开始添加辅食，使他养成习惯吃母乳（或牛乳）以外的食物。经过一段适应过程，逐步用辅食代替母乳，大约半年的时间，宝宝就能逐渐完成断奶。假如不做好断奶的准备，认定断奶时间到了，就突然不给宝宝吃奶，这种做法会影响宝宝的情绪，也容易引起疾病。

 一日食谱推荐

上午	6：00	母乳或配方奶250毫升
	9：30	菜肉小包子30克，豆奶150毫升
	10：30	蛋糕或其他小点心50克
	12：00	软饭35克，清蒸鱼120克，丝瓜汤70毫升
下午	15：00	水果100~150克
	18：30	番茄鸡蛋面150克
晚上	21：00	母乳或配方奶250毫升
每天给宝宝喂1次适量鱼肝油，并保证饮用适量白开水		

第10个月 宝宝营养食谱

百合银耳粥

原料：百合、银耳各10克，大米40克。

做法

1. 分别将银耳、百合泡水，发好，然后洗净。
2. 大米淘洗干净后，加水煮粥。
3. 将发好的银耳撕成小块，与百合一起放入粥中，继续熬煮，待银耳和百合都有些煮化时即可。

肉末碎菜粥

原料：大米20克，猪瘦肉末50克，小油菜、植物油各适量。

做法

1. 小油菜洗净，切碎；大米洗净，备用。
2. 锅内倒油烧热，下入肉末炒熟，盛在碗里备用。
3. 锅内放入大米和适量清水，大火煮沸后，转小火煮10分钟，然后加入肉末及油菜碎，同煮5分钟即可。

苹果樱桃汁

原料：苹果半个，樱桃4个，冷开水200毫升。

做法

1.苹果削皮；樱桃洗净，去梗、去核、去蒂，切块。

2.两种水果放入果汁机中，加入冷开水搅拌打匀，倒出用干纱布过滤纤维，将果汁倒入杯中即可。

冰糖蒸梨

原料：梨半个，冰糖少许，新鲜莲子4粒（如果选择干莲子须泡软）。

做法

1.将梨洗净，去皮、去核，切成小方块，放到小碗里备用。

2.把梨小块、冰糖和莲子混合一起放到锅里，并加适量清水上火蒸至冰糖溶化后即可食用。

飘香紫米粥

原料：大米、紫米各50克，芝麻、山楂糕各适量。

做法

1.芝麻、红糖炒香备用；山楂糕切成粒。

2.紫米、大米分别淘洗干净，加适量清水，放入锅中，大火煮沸后，再转小火煮15分钟至粥黏稠。

3.把炒过的芝麻放进粥内，搅拌均匀，出锅前撒上山楂糕粒即可。

桃花粥

原料：桃花5朵，粳米25克，胡萝卜末10克，高汤适量。

做法

1.将粳米淘洗干净后，加高汤用小火煮，开锅后揭盖煮5~8分钟，然后，加入切碎的胡萝卜末一同煮。

2.煮至软烂粘稠时，将桃花瓣撕碎加入，煮滚即成。

🥣 猪肉菜末

原料：猪肉、番茄、胡萝卜、洋葱、肉汤各适量。

做法

1.将猪肉、番茄、胡萝卜、洋葱分别洗净，切成碎末。

2.将猪肉末、胡萝卜末、洋葱末一起放入肉汤内煮软，快熟时加番茄末略煮即可。

🥣 猕猴桃西米粥

原料：猕猴桃2个，西米60克。

做法

1.西米洗净，用温水泡1小时；猕猴桃去皮洗净，切小丁。

2.锅置火上，放入适量清水煮沸，加入西米用大火煮沸，转用小火熬煮至粥熟。

3.加入猕猴桃丁，煮熟，即可喂食。

鱼肉松粥

原料：粳米1大匙，鱼肉松、菠菜各适量。

1.将粳米淘洗干净，开水浸泡1小时，加水一起放入锅内，大火煮开，改小火熬至黏稠。

2.将菠菜洗净，用开水烫一下，切成碎末，放入粥内拌匀，然后加入鱼肉松调味，用小火熬片刻即可食用。

什锦炒软饭

原料：大米软饭50克，茄子20克，番茄半个，土豆泥10克，肉末5克，植物油少许。

做法

1.将茄子洗净，去皮，切细末；番茄洗净，去皮，切丁；肉末与土豆泥拌匀备用。

2.锅内倒油烧热，下入肉末土豆泥炒散，加入茄子末、番茄丁煸炒，加入软米饭，加一点水，炒匀即可。

南瓜面线

原料：南瓜20克，面线10克，无油高汤200毫升。

做法

1.南瓜去子，连皮先放入电锅中，外锅放1杯水，隔水蒸约15分钟蒸软即可。再和高汤一起放入果汁机，搅打成流汁状。

2.煮一锅水，沸腾后将面线放入煮1分钟，即捞起备用。

3.南瓜泥汤注入锅中，以中火煮开后，改以小火煮2分钟，即放入余烫过的面线，待再煮开即可熄火盛起。

鸡肝肉饼

原料：豆腐20克，猪肉75克，鸡肝1只，鸡蛋1个。

做法

1.豆腐放入滚水中煮2分钟，捞起沥水，片去外衣不要，豆腐搓成蓉。

2.鸡肝洗净，沥水，剁细；猪肉洗净，沥水，剁细。

3.猪肉、鸡肝、豆腐同盛大碗内，加入滤出的鸡蛋白拌匀，放在碟上，做成圆饼形，蒸7分钟至熟。

豆腐鸡蛋饼

原料：豆腐20克，鸡蛋1个，番茄50克，柿子椒50克。

做法

1.将豆腐除去水分并捣碎；鸡蛋磕入碗中打散；番茄和柿子椒均切成小碎块。

2.将鸡蛋豆腐糊倒入煎锅煎，半熟时将其余材料放在上面。

蛋皮鱼卷

原料：鸡蛋2个，鱼肉泥60克，植物油少许。

做法

1.鱼肉泥蒸熟；鸡蛋搅散。

2.小火将平底锅烧热，涂层油，倒入鸡蛋液摊成蛋饼，快要熟的时候把熟鱼泥摊上，卷起成蛋卷，出锅后切小段，装盘即可。

四喜丸子

原料：肉馅100克，鸡蛋1个，高汤1小匙，水淀粉1小匙，香油少许。

做法

1.将肉馅放入盆内，加入鸡蛋液、香油、清水各少许，用手搅至上劲，待有黏性时，把肉馅挤成15个丸子备用。

2.将鸡蛋、水淀粉调成较稠的蛋粉糊；将丸子放入小碗内，浇点高汤，上笼蒸15分钟即成。

虾末什锦菜

原料：小虾5只，豆腐1/10块，嫩豌豆苗4根，生香菇1只，香油少许。

做法

1.把小虾放入开水中煮后剥去皮，切碎。

2.豆腐片去外衣不要，切碎；嫩豌豆苗洗净后切碎。

3.香菇洗净切丁，与虾、豆腐、豌豆苗一起加入汤中煮5分钟，再加香油调味即可食用。

芝麻豆腐

原料：豆腐1块，熟芝麻少许，淀粉各5克。

做法

1.将豆腐用沸水浸泡后沥干、研碎，与熟芝麻、淀粉混匀。

2.锅置火上，放入拌好的芝麻豆腐蒸15分钟即可。

杏仁拌西蓝花

原料： 西蓝花3朵，番茄半个，甜杏仁25克。

做法

1. 甜杏仁微炒后，研磨成碎末。
2. 番茄用开水烫后，去皮捣碎。
3. 西蓝花在蒸锅内蒸软后，和番茄一起搅拌，最后拌入磨好的杏仁末即可。

五彩冬瓜盅

原料： 冬瓜、火腿、干贝、鲜蘑菇、冬笋嫩尖、鸡汤各适量。

做法

1. 将冬瓜切成1厘米见方的丁；干贝开水泡软，切碎末；火腿、冬笋、蘑菇切碎末。
2. 把所有材料一起放入鸡汤炖盅，入锅蒸至冬瓜酥烂即可。

鸭血豆腐汤

原料： 鸭血1小块（20克左右），嫩豆腐1小块（20克左右），新鲜菠菜叶1把（20克左右），枸杞子5粒，高汤适量。

做法

1. 先将菠菜叶洗干净，放入开水中焯2分钟。
2. 将鸭血和豆腐切成薄片备用；枸杞子淘洗干净待用。
3. 砂锅内放高汤，将鸭血、豆腐、枸杞子下进去，用小火炖30分钟左右。4下入菠菜，再煮1~2分钟即可。

🥄 芒果香蕉奶昔

原料： 香蕉2根，芒果2个，牛奶100毫升。

（做法） ⋯⋯⋯⋯⋯

1. 香蕉去皮，切成块；芒果去皮，取果肉。
2. 将香蕉、芒果、牛奶一起放入搅拌机中搅匀即可。

🥄 新鲜水果汇

原料： 黄桃、芒果、火龙果各10克，香蕉半根，牛奶10毫升。

（做法） ⋯⋯⋯⋯⋯

1. 将黄桃洗净，切成细小的丁；芒果去皮，取肉，切成细小的丁；火龙果去皮，切成细小的丁；香蕉去皮，切成细小的丁。
2. 将水果丁装盘，淋上牛奶即可。

🥄 莲子鲜奶露

原料： 鲜牛奶50毫升，浸发莲子4克，水淀粉适量。

（做法） ⋯⋯⋯⋯⋯⋯⋯⋯⋯⋯⋯⋯⋯⋯⋯⋯⋯⋯⋯⋯⋯⋯⋯⋯⋯⋯⋯⋯⋯

1. 莲子洗净，放入沸水锅中焯1分钟，捞起倒入盅内，加适量沸水，放入蒸笼中，用中火蒸30分钟至六成熟，再蒸30分钟后取出。
2. 锅置火上，放入适量沸水，烧沸后倒入鲜奶，再放入蒸好的莲子汤，烧沸，水淀粉勾芡即可。

第11个月 宝宝喂养方案

身体发育及营养需求

宝宝身体发育指标

项目/性别	男宝宝	女宝宝
身高	70.1~80.5厘米，平均75.3厘米	68.8~79.2厘米，平均74.0厘米
体重	7.7~11.9千克，平均9.8千克	7.2~11.2千克，平均9.2千克
头围	43.7~48.9厘米，平均46.3厘米	42.9~47.8厘米，平均45.4厘米
胸围	42.2~50.2厘米，平均46.2厘米	41.4~49.1厘米，平均45.3厘米
囟门	前囟2×2厘米	前囟2×2厘米
牙齿	长出5~7颗乳牙	长出5~7颗乳牙

宝宝身体发育特点

11个月的宝宝能稳稳地坐较长的时间，能自由地爬行到想去的地方，能扶着东西站得很稳。拇指和食指能协调地拿起小的东西。会招手，会摆手。

这时的宝宝能模仿大人说话，说一些简单的词。宝宝已经能理解一些简单的词语。并会表示词义的动作。

11个月的宝宝喜欢和成人交往，并模仿成人的举动，当然，在他不满的时候，他也会表示他的不满。

这时候的宝宝每天睡眠12~16小时，白天睡两次，夜间睡10~12小时，宝宝由于个体差异不同，有的孩子多睡一些，有的少睡点，并没有绝对的评判标准。只要宝宝睡完以后，表现非常愉快，精神充足，也不必勉强他多睡。

11个月宝宝营养需求

这个月宝宝所需的热量仍然是每千克体重95千卡左右，蛋白质、脂肪、糖、矿物质、微量元素及维生素的量和比例没有大的变化。

父母不要认为宝宝又长了一个月，饭量就应该明显增加了，这容易导致父母总是认为宝宝吃得少，使劲喂宝宝。父母不要总是认为宝宝吃得少了，要学会科学喂养宝宝，而不能填鸭式喂养。

 小贴士

让宝宝练习用杯子

这一时期，宝宝要慢慢断奶，并以其他食物替代母乳或配方奶。宝宝除了要练习吃食物外，还要加强自己用杯子的新本领。妈妈可以将水或果汁等倒在杯子里给宝宝饮用，待宝宝会用时还可以将牛奶倒在杯子中让宝宝喝。

喂养禁忌：宝宝辅食不能放味精

宝宝不宜食用味精，食用味精会导致宝宝缺锌。这主要是因为味精的化学成分是谷氨酸钠，宝宝如果大量食用谷氨酸钠，会使血液中的锌变成谷氨酸锌，随尿液排出，从而造成急性锌缺乏。

锌是人体内必需的微量元素，能促进宝宝生长发育和思维敏捷，还能维持维生素A的正常代谢及对黑暗环境的适应能力。宝宝体内若缺锌，会引起生长发育不良、弱智、性晚熟，同时，还会出现味觉紊乱、食欲不振等。所以说，给宝宝制作的辅食中不宜放味精，尤其是对偏食、厌食和胃口不好的宝宝更要注意。

宝宝辅食添加的要点

这个时期的宝宝生长发育比较迅速，父母要为其补充足够的糖类、蛋白质和脂肪。现在大多数的宝宝已经长出了5~7颗乳牙，能够咀嚼较硬的食物，喂养也要由婴儿方式逐渐过渡到幼儿方式，每天的餐数要减少，每餐的进食量需增加。

 好妈妈须知

妈妈不应该将饮料和纯净水作为宝宝的日常饮用水，因为饮料中的添加剂、防腐剂会对宝宝的身体有损害。纯净水中缺少矿物质，饮用时间长了，也会对宝宝的生长发育造成不好的影响。所以最好应给宝宝饮用矿泉水。所以，对于宝宝最好的饮料就是白开水。

 营养小窍门

除了正餐外，妈妈还可以给宝宝添加一些小点心。给宝宝吃点心要每天定时，不能随时都喂，并且要因人而异。有些饭量大、长得太胖的宝宝，就不能再吃点心，可以给他吃些水果来满足他旺盛的食欲。此外，妈妈在购买点心时，不要选择太甜的，如巧克力等糖果不能作为点心给孩子吃。

贴心提示

　　这个时期的宝宝开始表现出了对食物的好恶，父母不能过分溺爱宝宝，只做宝宝爱吃的食物，而不做宝宝不爱吃的食物，这样会养成宝宝偏食、挑食的习惯。父母应该在保证营养充足的前提下，合理安排膳食。对于他不爱吃的食物，尽量变成花样做给他吃，培养宝宝对各种食物的兴趣，及早开始防止宝宝养成偏食、挑食的坏习惯。

 专家答疑

　　怎样养成良好的进食习惯？

　　宝宝养成了良好的进食习惯，才能获得充足的营养。首先，一天的进餐次数、进餐时间要有规律，要定时、准时，但不能强迫，吃得好时应表扬，长期坚持下去，就能养成定时进餐的好习惯。其次，烹调食物时要做到色、香、味俱全，软、烂适宜，便于咀嚼和吞咽，以培养宝宝对食物的兴趣。最后，饭前要给宝宝洗手、洗脸，围上围嘴，桌面要保持干净，以创造良好的进餐环境。

 一日食谱推荐

上午	6：00	牛奶250毫升
	8：00	鲜豆浆，粥1/2~1碗，咸蛋1/4个，馒头片2片
	10：00	牛奶100~150毫升，饼干2~3块
下午	12：00	软饭1碗，清烧鱼120克，火腿鲜鱼汤70毫升
	15：00	果酱小面包1个，水果泥2大匙
	18：00	鸡汤煮小馄饨2大匙，碎蔬菜1碗
晚上	21：00	牛奶适量
每天给宝宝喂1次适量鱼肝油，并保证饮用适量白开水		

第11个月 宝宝营养食谱

 金银花山楂露

原料：金银花30克，山楂10克。

做法 ··············

1.将金银花、山楂用清水洗净备用。

2.锅中加入适量清水，放入金银花和山楂，大火煮沸，3分钟后倒出药汁；所余药渣再加入清水熬1次，同样留取汁液。

3.将两次药汁混合，均匀搅拌后即可。

 翡翠泥

原料：新鲜蚕豆50克，京糕25克，桂花1克，花生油5克。

做法 ··············

1.将鲜蚕豆剥去老、嫩皮，放入锅内煮烂，捞出，用冷水过凉，放菜板上，剁成泥状放入碗内。

2.将京糕切成绿豆大小的丁，炒锅置火上，放入油，加入蚕豆泥、桂花，用中火推炒，炒透后盛入大盘内，撒上京糕丁即可。

🥣 枣泥软饭

原料： 红枣、大米各20克，牛奶少量。

做法

1. 红枣洗净，上笼蒸熟后，去皮，去核，剁成泥；大米用水淘洗干净。
2. 将大米放入电饭锅中，加清水、牛奶焖20分钟至熟，拌入枣泥，再焖2～3分钟即可。

🥣 肉松麦片粥

原料： 麦片100克，肉松20克，核桃仁、腰果、花生仁各适量。

做法

1. 将核桃仁、腰果、花生仁洗净后放入烤箱内烤熟，取出研成碎末。
2. 锅置火上，放入麦片和适量清水大火煮熟后，加入研碎的果仁、肉松搅拌均匀即可。

🥣 木瓜泥

原料： 木瓜100克。

做法

1. 木瓜切碎，放入碗内，上锅隔水蒸10分钟至熟。
2. 将木瓜取出，凉凉，然后用小勺搅成泥状即可。

🥣 香菇鸡肉粥

原料： 新鲜香菇1朵，鸡胸脯肉50克，大米、麦片、植物油各适量。

做法

1. 将香菇洗净，切成小粒；鸡肉清洗后切成小粒，与香菇粒一起放入炒锅中用油稍微炒一下。
2. 然后与大米、麦片一起熬粥，待温后即可喂食。

🥣 牛肉宽粉

原料：宽粉50克，牛肉馅10克，小白菜1棵，高汤150毫升（3/4杯）。

做法

1.将小白菜洗净；把宽粉按照9厘米左右切成一段一段。

2.将锅中的水烧开，放入小白菜和牛肉馅，过水捞出沥干。

3.倒掉锅内的开水，加入高汤，烧开后，放入宽粉，煮到9成熟后，加入小白菜和牛肉馅，煮熟烂后即可食用。

🥣 火腿鲜鱼汤

原料：玉脂豆腐1卷，青豆瓣50克，火腿20克，鲜鱼汤、麻油、水淀粉各适量。

做法

1.将玉脂豆腐切成0.5厘米厚片；火腿切1厘米左右见方薄片。

2.锅中倒入开水，放入玉脂豆腐、火腿片、青豆瓣焯透。

3.将鲜鱼汤倒入炒锅中，加入材料，烧开后加水淀粉勾芡，淋上麻油即可。

🥣 鲜茄肝扒

原料：鲜猪肝100克，茄子250克，番茄2个，面粉50克，水淀粉、植物油各适量。

做法

1.猪肝洗净，切成碎粒；番茄洗净，去皮，切块。

2.茄子洗净，煮软压成泥，与猪肝粒、面粉拌成糊，捏成厚块，入油锅煎至两面金黄。

3.番茄块入油锅中略炒，用水淀粉勾芡，淋在肝扒上即可。

 咸蛋米粥

原料： 小米100克，咸蛋、鸡蛋各1个。

做法

1.咸蛋剥壳，取蛋黄，压成泥；鸡蛋煮熟，取蛋白切小块；小米淘洗干净。

2.锅置火上，放入适量的水和小米，用中火熬20分钟成粥，快熟时加入咸蛋黄泥、鸡蛋白块，再用小火煮5分钟即可。

干酪饼

原料： 胡萝卜1/4个，干酪50克，鸡蛋1/4个，牛奶20毫升，糕粉30克，植物油适量。

做法

1.将胡萝卜用擦菜板擦碎；干酪捣碎；1/4个鸡蛋加入牛奶调匀。

2.将糕粉、胡萝卜、干酪放入鸡蛋糊中搅匀。

3.将搅拌好的材料用匙盛入煎锅，用植物油煎成饼。

鸡丝面片

原料： 鸡肉50克，面片、嫩油菜、鸡汤各适量。

做法

1.将鸡肉洗净，切成薄片；嫩油菜洗净，切碎。

2.锅置火上，加适量鸡汤煮沸后，下入鸡肉片煮熟。

3.鸡肉片煮熟后捞出撕成丝，放回锅里，煮沸后，下入面片和油菜碎，煮5分钟至熟烂后即可。

冬瓜肉末面条

原料：冬瓜、熟肉末、面条、高汤各适量。

做法

1.冬瓜洗净去皮切块，在沸水中煮熟后切成小块备用。

2.将面条放入沸水中，煮至熟烂后取出，用勺子搅成短面条。

3.将熟肉末、冬瓜块及烂面条放入锅中，并加入高汤用大火煮开，然后用小火焖煮至面条烂熟即可。

南瓜红薯玉米粥

原料：红薯、南瓜、玉米面各适量。

做法

1.将红薯、南瓜洗净，都切成小丁。

2.将玉米面用冷水调匀，和红薯丁、南瓜丁一起倒入锅中煮烂即可。

苋菜面线

原料：苋菜30克，面线10克，无油高汤200毫升。

做法

1.苋菜用水洗净并沥干水分，切细末备用；面线用干净剪刀剪成2厘米一段。

2.煮一锅水，沸腾后将面线放入煮1分钟，即捞起备用。

3.将苋菜放入高汤中以中火煮3分钟，待煮软后再放入余烫过的面线，以大火煮30秒，即可熄火。

🥣 鱼泥馄饨

原料： 鱼泥50克，小馄饨皮6张，韭菜末适量。

做法

1.鱼泥加韭菜末做成馄饨馅，包入小馄饨皮中，做成馄饨生坯。

2.锅内加水，煮沸后放入包好的馄饨，至馄饨浮在水上即可。

🥣 青萝卜疙瘩汤

原料： 青萝卜、面粉各30克，鸡蛋1个，植物油适量。

做法

1.青萝卜洗净，切丝。

2.面粉里加少许水，朝一个方向搅拌，搅拌出小疙瘩；鸡蛋打散，搅拌均匀。

3.油锅烧热，下入萝卜丝煸炒透，加适量水，大火煮沸后，下入面疙瘩，边下边搅，用中火煮10分钟，缓缓下入蛋液即可。

🥣 鸡蛋面片汤

原料： 面粉100克，鸡蛋1个，菠菜50克，香油适量。

做法

1.将面粉放盆内，加鸡蛋液，和成面团，揉好擀成薄片，切成小块待用；菠菜择洗干净切末。

2.锅内倒入适量水，放在火上烧沸，下揪开的面片，煮熟后，加入菠菜末，滴入香油即可。

玉米面发糕

原料： 鸡蛋1个，面粉、玉米面各少许，蜡纸1张，牛奶、发酵粉各适量。

做法

1.将鸡蛋打散，直至蛋液发白起泡，再将面粉、玉米面、发酵粉、牛奶一起加入搅拌均匀，做成柔软面坯。

2.在蒸笼中铺一张蜡纸，将搅拌好的面坯铺在蜡纸上，放入蒸锅蒸熟，取出凉凉后切块装盘即可。

鱼肉拌茄泥

原料： 茄子1／2个，净鱼肉30克。

做法

1.茄子洗净，上蒸锅蒸至熟烂，取出，去皮，捣烂成泥。

2.鱼肉洗净，切成小粒，放沸水焯烫至熟。

3.将茄泥与鱼肉混合在一起，拌匀即可。

土豆饼

原料： 土豆1个，西蓝花2朵，面粉50克，牛奶20毫升、植物油适量。

做法

1.将土豆洗净，去皮用擦菜板擦好，西蓝花撕小块，用开水焯一下。

2.将土豆、西蓝花、面粉、牛奶和在一起搅匀。

3.锅内放植物油，把拌好的材料煎成饼即可。

什锦水果羹

原料： 新鲜水果若干种（如香蕉半根、苹果半个、草莓3个、桃子半个），糖桂花（市售）少许，水淀粉少量。

做法

1. 用刀将各种水果切成小片。
2. 锅内放入适量清水，用旺火烧沸后，加入切好的水果片，再将其烧沸。之后用水淀粉勾芡，再撒入糖桂花，即可出锅。

清烧鱼

原料： 鳕鱼肉150克，植物油适量。

做法

1. 鳕鱼肉洗净备用。
2. 锅内放油，将鳕鱼肉放入锅中煎片刻，加少量水，加盖焖烧约15分钟即可。

第12个月 宝宝喂养方案

 身体发育及营养需求

 宝宝身体发育指标

项目／性别	男宝宝	女宝宝
身高	71.9~82.7厘米， 平均77.3厘米	70.3~81.5厘米， 平均75.9厘米
体重	8.0~12.2千克， 平均10.1千克	7.4~11.6千克， 平均9.5千克
头围	43.9~49.1厘米， 平均46.5厘米	43.0~48.0厘米， 平均45.5厘米
胸围	42.5~50.5厘米， 平均46.5厘米	41.4~49.4厘米， 平均45.4厘米
囟门	0.5~1.0厘米	0.5~1.0厘米
牙齿	长出6~8颗乳牙	长出6~8颗乳牙

宝宝身体发育特点

1 动作发育

12个月的宝宝已经能够直立行走了。这一巨大的变化，使宝宝的眼界豁然开朗。12个月的宝宝开始厌烦妈妈喂饭了，虽然自己拿着食物能吃得很好，但还用不好勺子。这时候的宝宝，对别人的帮助很不满意，有时还会大哭大闹以示反抗。宝宝会试着自己穿衣服，拿起袜子知道往脚上套，拿起手表往自己手上戴，给他一根香蕉，他就会拿着自己剥皮。这些都充分说明了宝宝的独立意识在增强。

2 语言发育

12个月的宝宝不但会说妈妈、爸爸、奶奶、娃娃等，还会使用一些单音节的动词，如拿、给、掉、打、抱等。发音还不太准确，常常说一些让人莫名其妙的语言，或打一些手势和姿态来表示自己的意思。

3 睡眠

12个月的宝宝每天需要睡14~15个小时，白天睡1~2次。

4 心理发育

12个月的宝宝，虽然刚刚能独自走几步，但是总想蹒跚地往外跑。喜欢户

外活动，观察外边的世界，对人群、车辆、动物都会产生极大的兴趣。喜欢模仿大人做一些家务事。如果父母让宝宝帮助拿一些东西，他会很高兴地尽力拿过来，并想得到父母的夸奖。

5 预防接种

12个月的宝宝，应该接种流行性乙型脑炎（简称乙脑）疫苗，遵医嘱接种，一周后接种第二次，并且要在两周岁和六周岁时进行加强免疫注射。一岁以后，还要考虑接种预防风疹和水痘疫苗。

12个月宝宝营养需求

12个月宝宝每日每千克体重需要供应95千卡的热量，蛋白质、脂肪、碳水化合物、矿物质、维生素、微量元素、纤维素的摄入量和比例与前面差不多。蛋白质的来源主要是辅食中的蛋、肉、鱼虾、豆制品和奶类。脂肪的来源主要是肉、奶、油。碳水化合物主要来源于粮食，维生素主要来源于蔬菜和水果，纤维素来源于蔬菜。

小贴士

父母要为宝宝做好保暖措施

12个月的宝宝保暖能力比较差，因此，爸爸妈妈要为宝宝做好保暖的措施。平时的室温应保持在24℃，给宝宝穿一身衣服，盖上一条小被子。想要知道宝宝是否暖和其实很简单，可以通过宝宝的手脚的冷暖来粗略地估计，如果宝宝的小手温暖而不出汗，说明宝宝的温度是适宜的。

喂养禁忌：宝宝不宜多吃菠菜

菠菜中含有大量的草酸，不宜过多给宝宝吃。草酸在人体内会与钙和锌生成草酸钙和草酸锌，不易吸收排出体外，影响钙和锌在肠道的吸收，容易引起宝宝缺钙、缺锌，导致骨骼、牙齿发育不良，还会影响智力发育。

宝宝辅食添加的要点

此时如果宝宝摄入过多的牛奶和果汁，容易引起便秘，严重时还会出现肛门破裂。当妈妈观察到宝宝的大便干硬时，就应当调整食谱，多给宝宝吃些纤维丰富或油脂含量多的食物，使宝宝的大便变软，改善宝宝的便秘情况。

好妈妈须知

妈妈不应该给宝宝喝过多的酸奶。多喝酸奶会使宝宝胃酸的含量明显升高，酸蚀宝宝的胃黏膜，甚至可能引起胃和十二指肠溃疡。

营养小窍门

豆浆营养丰富，但宝宝不能多喝，以免引起蛋白质消化不良，导致腹泻。同时豆浆也不能与鸡蛋同吃，因为鸡蛋中的蛋白易与豆浆中的胰蛋白结合，使豆浆失去营养价值。

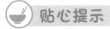 贴心提示

这个阶段的婴儿，完全有能力凭自己的喜厌来选择食物。对于合他口味、喜欢吃的食物会吃得津津有味；不喜欢的、没有好味道的食物，他照样不接受。因此，父母给孩子准备的食物要注意色、香、味俱全，以便勾起孩子的食欲，提高吃的兴趣。如给孩子做豆腐，放在香味浓的鸡汁里煮和放在开水中煮，出来的味道就是不同，给宝宝做的饭可以做成各种可爱的小动物形象。当然，强调食物的色、香、味，不是提倡在食物中加入调味品，婴儿吃的食物最好是原汁原味，因为新鲜的食物本身就带有一定的香味。

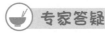 专家答疑

宝宝喜欢用手抓饭吃怎么办？

很多宝宝喜欢用小手抓饭吃，但是由于家长认为这样很卫生，就会强行制止宝宝抓饭吃，其实抓饭吃对宝宝有很多好处。要是不恰当地制止，反而会带来很多负面作用，挑食便是其中一种。

研究表明，1岁左右的婴幼儿正处在学习自己吃饭的时期，学吃饭也是一种兴趣的培养，这和看书、玩耍没有什么两样。从科学的角度来说，宝宝对食物感兴趣的程度更多的取决于他与食物接触的频率，而不是食物的种类。只有反复接触，才能使婴幼儿对食物越来越熟悉，越来越喜欢，不容易养成挑食的习惯。

一日食谱推荐

上午	6：00	牛奶200~300毫升
	8：00	粥1小碗，小笼包子1个
下午	12：00	米饭半碗，蔬菜30~50克，鱼肉15克，肝30克
	18：00	稀饭1小碗，全蛋1个，蔬菜30~50克，动物血20克
晚上	21：00	牛奶200~300毫升
每天给宝宝喂1次适量鱼肝油，并保证饮用适量白开水		

第12个月 宝宝营养食谱

海鲜粥

原料：鲜虾仁2只，蟹钳1只，米饭1/6碗，水1杯。

做法

1.将蟹钳洗净蒸熟后，去壳，挑出蟹肉切碎；鲜虾仁去皮、去纱线切碎。

2.将米饭、蟹肉、鲜虾仁、水放入锅中煮至黏稠。

3.最后煮1分钟成粥即可。

洋葱糊

原料：洋葱1/5个，面粉2小匙，肉汤2大匙，黄油、干酪粉各1小匙。

做法

1.将洋葱1/5个洗净切成细条状，用黄油在煎锅里将洋葱长时间炒制。

2.当洋葱炒至透明时再放入面粉2小匙继续炒，之后加入肉汤，并轻轻搅拌。

3.撒上干酪粉即可。

鲑鱼南瓜粥

原料：南瓜30克，鲑鱼15克，白米20克，水适量。

做法

1.把白米、鲑鱼洗净沥干备用；南瓜洗净切丝。

2.鲑鱼放入锅中蒸熟后去除刺、压成末。

3.将白米和南瓜丝一同加水熬煮成稀饭。

4.稀饭快起锅前，再把鱼肉放入锅中搅拌均匀即可。

苹果玉米粥

原料：苹果丁50克，碎鸡蛋黄1个，玉米面25克，水1000毫升。

做法

1.锅置火上，加适量水烧开，玉米面用凉水调匀，倒入开水中并不停搅动。

2.开锅后放入切碎的苹果丁和搅碎的鸡蛋黄，改文火煮约5~10分钟即可。

蛋花麦仁粥

原料：麦仁30克，鸡蛋1个。

做法

1.将鸡蛋打散，搅匀，炒熟备用。

2.把麦仁用热水泡软后倒入锅中，用小火煮5分钟，慢慢搅拌。

3.将炒好的鸡蛋倒入麦仁锅中，略煮2分钟即可。

薏米绿豆百合粥

原料：薏米100克，绿豆50克，新鲜百合150克。

做法

1. 薏米、绿豆分别去杂质、洗净；百合瓣成瓣，撕去内膜，洗净。
2. 锅内加水适量，上火，先放绿豆煮至豆熟，加入薏米煮至将熟，再加入百合，用小火煮成粥即可。

小笼包子

原料：猪肉50克，面粉100克，香油、发酵粉各少许。

做法

1. 将猪肉洗净，剁碎，放入盆内，分几次加清水，搅拌均匀，最后加入少许香油拌匀，做成包子馅备用。
2. 面粉加入发酵粉、适量清水揉匀成面团，静置发酵10分钟。
3. 面团揪成剂子，擀成皮，包入肉馅，捏成包子生坯。
4. 蒸锅加水煮沸，放包子生坯，大火蒸5分钟后转小火蒸20分钟即可。

牛奶馒头

原料：面粉40克，牛奶20克，发酵粉少许。

做法

1. 将面粉、发酵粉、牛奶和在一起，放入冰箱冷藏室，15分钟后取出来。
2. 将面团切成6份，揉成6个小馒头，上锅蒸15～20分钟即可。

豆沙卷

原料： 面粉、豆沙馅、发酵粉各适量。

做法

1. 将发酵粉用温水化开，与面粉一起加适量水和成面团，静置发酵15分钟后，揪成小面剂，擀成长薄片备用。
2. 将豆沙馅搓成条状，在面片的一边放上豆沙条，然后向另一边卷起成条状，再盘成圆饼状，即成豆沙卷生坯，饧30分钟。
3. 将饧好的生坯上笼，大火蒸熟即可。

鱼蛋饼

原料： 洋葱10克，鱼肉20克，鸡蛋半个，黄油6克，番茄沙司适量。

做法

1. 将洋葱切成碎末；鱼肉煮熟，放入碗内研碎；鸡蛋磕入碗内，加入鱼泥、洋葱末调拌均匀成馅。
2. 黄油放入平底锅内溶化，将团成小圆饼的馅放入油锅内煎炸，煎好后把番茄沙司浇在上面即成。

虾仁小馄饨

原料： 虾仁50克，少筋猪腿肉50克，鸡蛋1个，小馄饨皮10张。

做法

1. 猪腿肉绞碎，和虾仁一起拌匀，打入鸡蛋，再拌匀。
2. 将馅料用小馄饨皮包裹，入沸水锅内煮熟即可。

白菜肉卷

原料： 白菜叶75克，肉馅50克，鸡蛋半个，花生油、香油、面粉、高汤各适量。

做法

1.将白菜叶用沸水烫软；肉馅放入碗内，加入香油，搅匀待用。

2.将烫过的白菜叶，切成长10厘米、宽7厘米后，在菜板上铺平，抹上肉馅，卷成直径3厘米的卷。

3.锅置火上，放入花生油烧至七八成热，将白菜卷依次蘸上面粉、鸡蛋液，入油煎至微金黄色捞出。

4.原锅内留少许底油，烹入高汤，放入煎好的白菜卷，待汤汁将干时，淋入香油即可。

黄鱼小馅饼

原料： 黄鱼肉泥100克，牛奶30克，鸡蛋1个，植物油、淀粉少许。

做法

1.以上各料除植物油放入盆中搅拌成有黏性的鱼馅。

2.平底锅烧至温热时，放入少量植物油，把鱼馅制成小圆饼入锅煎至两面熟透。

虾仁菜汤面

原料： 龙须面、熟虾仁、青菜心、高汤、熬熟植物油各适量。

做法

1.将龙须面切成短小的段，放入沸水中煮软煮烂取出备用；将熟虾仁剁碎；青菜心开水烫后切碎备用。

2.将碎面条、熟虾仁、菜心及适量高汤一起放入锅内，大火煮开后小火再煮，待面条烂熟后加熬熟的植物油稍煮片刻即成。

豆腐太阳花

原料：嫩豆腐100克，胡萝卜泥、番茄泥共50克，鹌鹑蛋1个，植物油少许，高汤适量。

做法

1.将豆腐洗净，用勺子在豆腐上挖出一个小坑，把鹌鹑蛋打入小坑中。

2.将胡萝卜泥、番茄泥围在豆腐旁，放入锅中蒸熟。

3.油锅烧热，加入高汤煮成浓汁后，淋到豆腐上即可。

 ## 芝麻拌芋头

原料：小芋头半个，熟芝麻15克。

做法

1.芋头洗净，放入沸水中煮熟，取出去皮，捣成泥状。

2.芝麻放碗中，加入芋头泥拌匀即可。

 ## 鸡丝拌银芽

原料：鸡胸脯肉200克，绿豆芽150克，红椒、香油各适量。

做法

1.将鸡胸脯肉切成薄片，再切成细丝，放入沸水锅中氽熟，捞出备用。

2.绿豆芽去皮、根洗净；红椒洗净，切丝。

3.锅置火上，倒水，水烧开下入绿豆芽，氽熟即捞出，沥干水分。

4.将豆芽、红椒丝和鸡丝一起放入碗内，淋上香油拌匀即可。

荠菜溜鱼片

原料：荠菜100克，净大黄鱼肉200克，植物油、鲜汤、水淀粉、香油各适量。

做法

1.荠菜洗净切碎；剔净鱼骨的净鱼肉切成3厘米宽、5厘米长、0.3厘米厚的鱼片，用少许水淀粉上浆备用。

2.锅烧热放冷油，待油烧至4成热时放入鱼片，鱼片煎至八成熟时取出，把油沥干净。

3.炒锅留余油加入切碎荠菜略炒，加鲜汤，烧开投入鱼片，加水淀粉勾芡，放入香油即可。

碎肝炒柿椒

原料：鲜猪肝50克，柿子椒25克。

做法

1.猪肝切小丁，柿子椒切小丁备用。

2.热锅放油，加猪肝丁煸炒，待八成熟后放入柿子椒丁再炒片刻。

香菇烧茭白

原料：香菇50克，茭白200克，植物油、水淀粉适量。

做法

1.香菇、茭白均洗净、切片。

2.油锅烧至五成热，先下茭白滑炒后盛出。

3.再起油锅烧热，先放入香菇略炒，再倒入滑炒后的茭白炒匀，最后以水淀粉勾芡即可。

绿豆芽烩三丝

原料：绿豆芽15克，瘦肉25克，胡萝卜10克，豆腐干20克，高汤2匙，淀粉、植物油各适量。

做法

1.瘦肉、胡萝卜和豆腐干切成丝，瘦肉用适量淀粉拌匀备用。

2.旺火下植物油，将瘦肉放入锅内炒至半熟，加入高汤，将绿豆芽、胡萝卜和豆腐干丝一起下锅，煮沸2分钟即可。

 ## 豆腐肉糕

原料：猪肉200克，豆腐100克，香油、淀粉各适量。

做法

1.猪肉洗净，剁碎，用淀粉搅拌成肉馅。

2.豆腐用沸水焯过，沥水后，切碎，加入拌好的肉馅、淀粉、香油和少量水，搅拌成泥状。

3.将猪肉豆腐泥分别放入小碗内，放入蒸锅中，蒸15分钟即可。

 ## 番茄玉米汤

原料：玉米粒200克，番茄2个，高汤适量。

做法

1.番茄洗净用热水氽烫去外皮，去子切丁备用。

2.在锅中加6杯高汤煮沸，下入玉米粒、番茄煮5分钟即可。

🍲 蛋花丝瓜汤

原料：丝瓜480克，鸡蛋200克，大豆油40克。

做法

1. 将丝瓜刮去外皮，切成菱形块，鸡蛋磕入碗内，用竹筷调匀。

2. 炒锅置火上，舀入豆油烧至四成热，倒入鸡蛋液，摊成鸡蛋饼，并用小火将两面煎成金黄色。

3. 将鸡蛋盛入碗内，改成小块。炒锅放在火上，锅内放入豆油烧热，加入丝瓜炒至发软，加入适量开水，烧沸约5分钟。

4. 放入蛋块，再用旺火烧3分钟，见汤汁变白时，起锅装入汤盆内即成。

🍲 水果西米露

原料：猕猴桃15克，草莓10克，哈密瓜30克，西米50克，速溶椰子粉10克。

做法

1. 将猕猴桃去皮，切块；草莓洗净，切丁；哈密瓜去皮，切丁。

2. 锅内放水，放入西米，煮约20分钟至熟。

3. 用热水将椰子粉冲开，加入煮好的西米、切好的水果，混合均匀即可。

🍲 自制酸奶

原料：牛奶300毫升，橘汁或柠檬汁各适量。

做法

1. 将牛奶煮沸、冷却。

2. 将橘汁或柠檬汁，缓慢地滴入牛奶中，每滴一滴搅拌一次，使其完全均匀混合。

注：每100毫升鲜牛奶加6毫升橘汁，加酸后不能将牛奶煮沸，加酸速度不能太快。

营养专题：
科学地给宝宝断奶

宝宝什么时候断奶好

什么时候给宝宝断奶最合适呢？这个问题困扰着很多妈妈，尤其是现在的妈妈恢复工作的时间通常比较早。什么时候给宝宝断奶，还是要根据实际情况而定。但这并不意味着什么时候给宝宝断奶都无所谓。

宝宝断奶的最佳时间是在8~10个月，完全断奶的最佳时间是在10~12个月。最好是在春天或秋后的凉爽季节，因为这时气候宜人，蔬菜水果又很丰富，宝宝比较容易适应。有的妈妈在宝宝只有4个月左右时就必须上班，医生提醒说，最好是能每天给宝宝喂一次母乳，母乳的营养是其它辅食都不能替代的，尤其是在增强免疫力的方面。

虽然一般宝宝在8~10月可以断奶，但断奶需慢慢来，宝宝的健康成长需要各种营养物质的补充。因此，逐步添加辅食直至顺利过渡到正常进食是一个必然的过程。但在断奶时机的把握上，年轻的妈妈们常常操之过急，仓促断奶，反而造成宝宝食欲的锐减。而婴儿的味觉是很敏锐而且对饮食是非常挑剔的，尤其是习

惯于母乳喂养的宝宝，常常拒绝其他奶类的诱惑。因此，宝宝的断奶，应尽可能顺其自然逐步减少，即便是到了断奶的月龄，也应为他创造一个慢慢适应的过程，千万不可强求其难。

而婴儿随着他的生长，食量逐渐增大，胃肠道内的消化酶也逐渐增多，6～7个月后又长出了牙齿，消化能力越来越强，对食物和营养也有了新的要求。此外，如果吃母乳过久，宝宝可能因依恋母乳而不愿吃其他食物，这势必造成营养不良，影响宝宝的生长发育。

如果婴儿在断奶时期能够得到充足的、富含各种营养素、卫生并易于消化的食物，他们就能健康成长。反之，就会对宝宝的生长发育造成影响，通常表现为生长迟缓、体质和智力发育受阻等，所以，该如何给宝宝断奶，妈妈们要认真学习。

 ## 宝宝想断奶时的信号

专家研究发现，婴儿需要断奶时，他（她）会向父母发出信号。

婴儿对父母吃饭的样子很感兴趣，让他（她）看父母愉快进餐的样子，这是十分重要的。

最初时，宝宝看到母亲用手把一样东西放进嘴里并不停咀嚼时，他（她）会感到十分好奇，随着他月龄的加大，就会渐渐张开嘴巴开始流口水了。这就是他（她）发出的"信号"，表明他"能够消化食物"、"可以开始断奶"。如果妈妈能很好地抓住这个时机开始断奶，那就不用为怎样才能让宝宝接受新的食物而发愁了。

 ## 断奶的整个过程

给宝宝断奶不是一天能做好的事情，而是在一段时间内要做的事情。一般情况下，不管妈妈选择什么时候给宝宝断奶，都要注意，这是个循序渐进的过程，不能说断就断，否则宝宝一下子不能适应新的食物，可能拒绝食用，也可能因为不适应新的饮食而造成消化不良等疾病。

断奶准备期（3~4个月）

宝宝长到3~4个月时，可以开始添加一些辅食，所以这其实也就是断奶的准备期。这期间可以给宝宝喂些水果汁和菜汤。完全人工喂养的宝宝，这个时间可以适当提前。给宝宝喂水果汁和菜汤，最好是在两次喂奶之间或者是在宝宝口渴时，也可以在洗澡之后。

断奶初期（5~6个月）

断奶的初期，宝宝可以吃专门的断奶食品了。断奶食品主要是菜汤、粥以及菜泥。你可以自己做，也可以选择瓶装的断奶食品。

在这个时期，每天最好给宝宝喂奶4次，吃断奶食品1次。最开始时，将断奶食品安排在第二次喂奶之前，吃后紧接着喂奶。宝宝刚开始喝液体食物时很不习惯，可以先给他喝少量稀释的果蔬汁，然后再逐渐增加量。

这个时期的断奶食物应细腻、滑润、易消化、不含果蔬中的子或长纤维等，口味应清淡适中，不添加盐、糖。常用的有：果蔬粥、面包粥、蛋黄和菜泥，菜泥的品种可经常更换，可以用土豆、胡萝卜、菠菜、南瓜等做成菜泥，也可以加一些肉泥。

断奶中期（7~8个月）

这个时期宝宝已经开始适应断奶食品，可以渐渐增加次数和量。可每天喂奶3次，吃断奶食品2次。

断奶食品一般在上午10点左右和下午6点左右给宝宝吃，要经常更换品种，利用这个时期让宝宝接触不同的食物。进食的量要根据宝宝的食欲和喜欢吃的食品来决定，但要防止偏食，不能把宝宝宠坏了。

这个时期常用的断奶食品有：粥、面包、磨牙棒（还可以锻炼牙齿）、鸡蛋（从吃蛋黄开始逐渐改吃全蛋）、豆制品（豆腐、煮烂的豆豉）、水果（开始吃果泥，逐渐变为碎的水果）。

断奶后期（9~10个月）

这一时期要渐渐减少母乳或奶粉的量，每天喂奶3次，吃断奶食品3次，而且量也要大致相当。渐渐将母乳和奶粉改为鲜牛奶，并帮助宝宝用杯子喝牛奶。

这个时期宝宝已逐渐适应了断奶食品，活动能力增强，生长发育极快，已开始出牙，因而这个时期宝宝的食物品种增加，提供更多的营养素；食物中所含2~4毫米大的软颗粒，可被婴儿的牙床轻易磨碎，从而起到锻炼牙齿的作用，并提高进食兴趣。

另外，妈妈还需要经常改换烹调的方法，尽量地给宝宝做多样化的辅食，以增进食欲。

断奶终期（11~12个月）

这一时期基本上做到完全断奶，开始吃幼儿食品，吃饭的时间分成早、中、晚三次，但上午10点左右和下午3点左右应该给他吃些其他食品，如水果、点心。

这个时期要开始训练宝宝独立吃饭，给他创造一个整洁、安静、愉快的吃饭环境和气氛。这时宝宝的神经系统发育还不完善，吃饭时易受干扰，大人不要过多地干涉他，也不要打搅他，让宝宝集中精力把饭吃完吃好。

为宝宝选择断奶食品

好的断奶食品应该具有以下这些特点：

（1）含有丰富的蛋白质和热能，营养价值高。

（2）强化了一定量婴儿所需的矿物质和维生素等。

（3）宝宝容易接受并且爱吃。

掌握了这些特点，你就能为宝宝选择好的断奶食品了。

妈妈回奶的方法

断奶时，妈妈们应该逐渐减少喂奶的次数，由每天3次减到2次、1次，多余的乳汁，不要积聚在乳房内，应该挤出直至乳房松软没有胀痛的感觉。

切勿采用传统的一夜胀退法，这种方法很危险，危害之一：乳汁淤积成块，使妈妈疼痛难忍。危害之二：乳汁积聚，营养丰富的乳汁为细菌提供了良好的环境，容易导致乳腺炎甚至脓肿形成，而不得不进行手术治疗。危害之三，导致妈妈的乳腺出现较为严重的乳腺增生或其他病变。

其次，饮食方面，妈妈们的饮食宜清淡勿油腻，少喝水少喝汤，特别是鸡汤、鱼汤等发奶食物，可适当多吃韭菜、山楂等。

再次，断奶后要穿合身或稍紧一点的文胸，这样除了能抑制乳汁的分泌外，还能减轻乳房的胀痛。

最后，药物治疗。可以用炒麦芽煎水喝（50克煎服，每日3次），还可外敷芒硝（用小布袋包裹后敷在乳房上，避开乳头乳晕），也可服用维生素B_6、已烯雌酚、溴隐亭等药物，但必须遵医嘱服用。另外，若是断奶期间出现乳腺硬块、局部皮肤发红、发热等症状，应及时就诊。

断奶成功后，建议妈妈们适当进行体育锻炼，多做扩胸运动，可使乳房较快地恢复弹性。

给宝宝断奶三注意

断奶必须要循序渐进

　　由于宝宝的肠胃功能不强，所以断奶要循序渐进。比如原来一天喂8顿，过3个月后可以减一半并以辅食补充。到9～10个月时，再减少一些，辅食可在宝宝5个月开始有计划每天加1～2次，如配方奶、米汤、蛋黄等。这样的循序渐进，逐步递减，会让宝宝的肠胃有一个适应过程，达到自然过渡。同时，逐步断奶也有利于妈妈的乳房慢慢恢复，防止乳房下垂或乳管堵塞。

断奶期可适当进行母婴隔离

　　哺乳期间，宝宝会形成一个条件反射：时间到了，而妈妈在身边，就会要求吃奶。因此，在某些喂奶的时段妈妈与宝宝分开，会有利于断奶的进行。当然，这里说的是适当的隔离，并不代表妈妈需要离开宝宝几天，这样会造成宝宝不安，建议可晚上分开睡或者暂时离开宝宝的视线范围。

合理调整饮食结构

　　为了减轻断奶后的泌乳量，妈妈们可适当减少进水量，多以饭食为主，从而减少造奶原料，促进乳房恢复。

　　总之，科学、合理、循序渐进地进行断奶，对宝宝的发育以及妈妈的健康都有重要的保障，所以，各位妈妈要科学把握好断奶的时机。

婴幼儿断奶后的营养调配

　　断奶是一个循序渐进的过程，需要一定的时间让宝宝逐渐适应，也就是在添加辅食的基础上，逐步过渡到普通饮食，以利于宝宝的消化吸收、利用、代谢，保证其日常生活及生长发育的营养需要。断乳后的婴幼儿，必须完全靠自己尚未发育成熟的消化器官来摄取食物的营养。由于他们的消化机能尚未成熟，因而容易引起代谢功能紊乱，故断奶后婴幼儿的营养与膳食要适应该时期机体的特点。

断奶后，婴幼儿每日需要热能大约1100~1200千卡，蛋白质35~40克，需要量较大。由于婴幼儿消化功能较差，不宜进食固体食品，应在原辅食的基础上，逐渐增添新品种，逐渐由流质、半流质饮食改为固体食物，首选质地软、易消化的食物。鉴于此，婴幼儿的饮食可包括乳制品、谷类等。烹调时应将食物切碎、烧烂，可用煮、炖、烧、蒸等方法，不宜油炸及使用刺激性配料。

婴幼儿断奶后不能全部食用谷类食品，也不可能与成人同饭菜。主食应给予稠粥、烂饭、面条、馄饨、包子等，副食可包括鱼、瘦肉、肝类、蛋类、虾皮、豆制品及各种蔬菜等。主食为大米、面粉，每日约需100克，随着年龄增长而逐渐增加；豆制品每日25克左右，以豆腐和豆干为主；鸡蛋每日1个，蒸、炖、煮、炒都可以；肉、鱼每日50~75克，逐渐增加到100克；豆浆或牛乳，每日500毫升，1岁以后逐渐减少到250毫升；水果可根据具体情况适当供应。

断奶后婴幼儿进食次数，一般为每日4~5餐，分早、中、晚餐及午前点、午后点。早餐要保证质量，午餐宜清淡些。例如，早餐可供应牛乳或豆浆、蛋或肉包等；中餐可为烂饭、鱼肉、青菜，再加鸡蛋虾皮汤等；晚餐可进食瘦肉、碎菜面等；午前点可给些水果，如香蕉、苹果片、鸭梨片等；午后为饼干及水等。每日菜谱尽量做到多轮换、多翻新，注意荤素搭配，避免餐餐相同。此外，烹调技术及方法，也能影响婴幼儿的饮食习惯及食欲。若色、香、味俱全，可促进婴幼儿食欲，增多食物摄入，加强其消化及吸收功能。

从婴幼儿起就要养成良好的饮食习惯，防止挑食、偏食，要避免边走边喂、吃吃停停的坏习惯。婴幼儿应在安静的环境中专心进食，避免外界干扰，不打闹、不看电视，以提高进餐质量。

第 5 章

1~2岁：
断奶后的营养关键期

1~1.5岁宝宝喂养方案

1~1.5岁宝宝营养食谱

1.5~2岁宝宝喂养方案

1.5~2岁宝宝营养食谱

1~1.5岁 宝宝喂养方案

身体发育及营养需求

 宝宝身体发育指标

项目/性别	男宝宝	女宝宝
身高	75.2~88.0厘米，平均81.6厘米	74.4~86.4厘米，平均80.4厘米
体重	8.6~13.2千克，平均10.9千克	8.2~12.5千克，平均10.3千克
头围	44.8~50.0厘米，平均47.4厘米	43.8~48.6厘米，平均46.2厘米
胸围	43.8~51.8厘米，平均47.8厘米	42.7~50.7厘米，平均46.7厘米
囟门	囟门已经闭合	囟门已经闭合
牙齿	10~16颗	10~16颗

宝宝身体发育特点

1 动作发育

13~14个月的幼儿一般都能在平地上行走了，不过这时候还走得摇摇晃晃，一不小心就会摔倒。到15个月时就走得稳了，很少跌倒，开始能僵硬地向前跑，拉着一只手能走上楼梯，还会投掷。宝宝1.5岁时，能拉着玩具或抱着球走，还能倒着走几步，扶着栏杆能自己走上楼梯，拉着一只手能走下楼梯，还会爬上大椅子，蹬着椅子伸手够东西。

这时期宝宝虽然会走了，但还需要锻炼他走得好、走得稳，能蹲下去再能站起来，能起步走，能随时停下，锻炼他更好地控制身体的平衡，使他活动更加自如。因此，家长要创造机会，放开手让孩子进行锻炼，不能因为怕孩子跌着、碰着而过多保护，这样会妨碍孩子运动的进一步发展。可以为孩子选择一块安全场所，让他在上面自由地活动。

2 手和指尖的灵巧活动

练习拇指和食指的对捏动作，对宝宝以后的生活、劳动、学习和使用工具都很重要。因此，从幼儿一岁起，就要让他练习握笔、画画、捡豆豆、插棍子、搭积木等手指的精细动作能力。

3 与人交往的能力

1岁多的宝宝会走路了，又处在模仿能力的形成期。这个时期，宝宝会跟在妈妈后边，一边模仿，一边活动。妈妈要尽量让宝宝多做一做模仿动作，多练习说话。要注意多与小朋友交往，这样可以形成亲密的人际关系，也能促使语言交往能力发展得更好。

4 吃、睡、便规律化

具有吃、睡、便三个方面的自理能力和生活规律化，是中枢神经系统发育成熟的表现，能促使幼儿体格发育健壮和大脑正常发育。这个时期，要训练宝宝学会用语言表达吃、睡、便的要求，学会用杯子喝水，会用勺子吃东西，会自己用手拿东西吃，会自己小便，并能控制大便。

5 穿脱鞋袜

宝宝对脱鞋袜最感兴趣，在睡觉前，可以把做这件事当做游戏来教宝宝。开始时，先帮助宝宝解开鞋带，把鞋子脱出后跟，让宝宝自己动手把鞋子从脚上拉下来，这样容易取得成功，会让宝宝很高兴，产生信心，就会很愉快地配合做这件事。脱袜子时，也要先帮助宝宝脱过脚跟，再让他自己脱下来。

6 学习穿脱衣服

脱衣服先从单衣开始学，先帮助宝宝解开纽扣，再让宝宝把手臂向后伸直，教给宝宝怎样拉袖子，脱出手臂，然后可以教宝宝自己试脱。脱裤子比较难，可以把裤子拉过臀部，褪到小腿处，再坐下来把裤腿从脚上拉下来。

1~1.5岁宝宝营养需求

与1岁前的婴儿比起来，这一阶段孩子的食欲、饭量没有太大变化。婴儿满周岁后的饮食与成人的饮食已相差不大，只是饭菜需要烧得烂、碎些，以便小儿的咀嚼消化。当然，饮食中要避免那些辛辣、咸重、大荤油重的菜肴。只要制做得合适，孩子几乎都能品尝各种菜肴。

注意保证孩子膳食中营养充足，不在于孩子的饭量大小，这个年龄的孩子少吃米饭，多吃鱼、肉、蛋、禽等动物性食物是比较好的。如果不愿吃这些，可以用牛奶来补充。蔬菜、水果仍是不可缺少的。至于牛奶，只要饭菜吃得好，没有必要非喝不可，但牛奶的确是一种饮用方便的营养佳品，只要孩子不反对喝，每天喝上1~2瓶是很值得的。

喂养禁忌：宝宝不宜吃汤泡饭

宝宝刚会吃饭的时候，妈妈想让他吃得快一点、多吃一点，就常常会用汤泡饭来喂他。其实，给宝宝吃汤泡饭有很多弊端，主要有以下几条。

（1）吃汤泡饭减少饭量。饭用汤泡过，容量增加，食用时孩子以汤涨饱，每餐的摄入量相应减少。常此下去，宝宝会一直处于半饥饿状态，影响其生长发育。

（2）以汤泡饭，在口腔中的咀嚼机会减少，有时甚至未经咀嚼，食物即已咽下。宝宝对食物尚未产生味觉，消化液的分泌也会受到影响，时间久了，就会导致宝宝食欲减退。

（3）咀嚼是食物消化过程的第一步，然而因汤泡饭，囫囵吞下，增加了胃的负担。过量汤水又将胃液冲淡，影响消化，长期吃汤泡饭，容易出现胃痛。

宝宝饮食的要点

这时宝宝体重的增长速度变慢，饮食也开始减少了，但总体的营养需求量仍很高。此时如果辅食添加不当，很容易出现营养不良。父母要注意观察宝宝的各项生长指标，及时发现并纠正宝宝营养不良。

好妈妈须知

由于现在的生活条件越来越好，肥胖的宝宝也越来越多。肥胖除了会影响宝宝的运动、外形，还会因肺换气不足引起缺氧和心肺功能衰竭。防止宝宝肥胖，妈妈须要有计划地控制宝宝的饮食，限制高糖、高脂肪食物的摄入，除此之外，还要适当增加宝宝的体力活动。但千万不能盲目控制热量供给，这样会影响到宝宝的正常发育。

营养小窍门

给宝宝喂食水果时要注意洗净、去皮，此外，水果含糖多，会影响宝宝喝奶及吃饭，所以喂水果的最好时机是在喂完奶或吃完饭之后。

宝宝的食物需碎、软、新鲜，忌食过甜、过咸、过酸和刺激性的食物，主食应以谷类为主，保证肉、奶、蛋各类蛋白质的供应。

贴心提示

如果宝宝出现营养不良，妈妈要及早发现。宝宝营养不良通常表现为发育迟缓，食欲欠佳、抵抗力弱、容易生病等。有些宝宝虽然较瘦，但体重仍然持续增长，食量虽减少，但大便正常，有规律，而且精神状态好，其他生长指标也正常，就应该视为发育状况正常。

专家答疑

适当给宝宝吃些硬食有什么好处？

通常，父母十分注意每种食物的营养价值，却忽视了对食物的软硬搭配。父母通常认为宝宝还太小不会咀嚼，乳牙还没有长齐，只能吃一些软的、烂的东西。长此以往，会使宝宝养成只会吃软食的习惯，而失去了锻炼咀嚼能力的机会。

1岁半左右的宝宝已经有能力接受那些具有一定硬度的小块食物了。所以父母在给宝宝准备食物的时候，应当考虑食物的质地，使其与宝宝自身的生理需要相适应。可以适当提供一些固体食物，也可以稍硬一些，例如吃一点硬的面包干、红薯片或馒头干，它们既可以帮助宝宝磨牙床，增加咀嚼力，促进咀嚼肌的发育，使牙周膜更结实，还会促使牙弓与颌骨的发育。此外，适当吃些硬食，对宝宝的面部肌肉及视觉发育也有好处。

 小贴士

宝宝不宜过多吃鸡蛋

鸡蛋营养丰富，但是宝宝的肠胃还不够成熟，过多地摄入鸡蛋会引起消化不良性腹泻，因此，提醒妈妈们每天或隔天让宝宝摄入一个鸡蛋就可以了。

一日食谱推荐

上午	8：00	母乳或配方奶150~250毫升，面包或馒头片25克，鸡蛋1个
	10：00	酸奶50毫升，饼干3~4片或玉米饼25克
	12：00	软饭或稀饭45克，菜叶汤55克，鱼或肉菜35~50克
下午	15：00	水果适量（如香蕉1根或苹果100克），蛋糕或其他小点心1块
晚上	18：00	包子或饺子100克，红豆粥25克或一道荤素搭配的菜25克
	21：00	母乳或配方奶250毫升
每天给宝宝喂1次适量鱼肝油，并保证饮用适量白开水		

麻酱卷

原料: 芝麻酱100克,面粉500克,植物油、酵母粉各适量。

做法

1.酵母粉用温水化开,加入面粉和适量温水和成面团;芝麻酱加植物油、适量水,调和均匀。

2.将饧好的面团擀成大片,在上面均匀地刷上调好的芝麻酱,再卷成长条,切成等量的小剂子,小剂子两边不封口,拧成花卷。

3.上蒸锅用大火蒸15分钟即可。

栗子粥

原料: 栗子5个,大米50克,水适量。

做法

1.将栗子用刀切开,加水烧开后取出,剥去外壳,把栗子肉切成丁块;大米淘净。

2.将大米和栗子入锅,加水适量。大火烧开后,再用小火煮至栗子酥烂,粥汤稠浓即可。

洋葱菠菜粥

原料：米粥1小碗，胡萝卜20克，洋葱20克，菠菜20克，清汤适量。

做法

1. 将胡萝卜、洋葱、菠菜切成碎块。
2. 蔬菜加清汤煮制，随后放入米粥同煮，煮好后即可。

干酪粥

原料：米饭30克，干酪10克。

做法

1. 将干酪切碎；把米饭放入锅加适量水煮。
2. 煮至黏稠时放入干酪，干酪开始溶化时将火关掉。

桂圆莲子粥

原料：桂圆肉10克，莲子10克，红枣5～10个，糯米30克。

做法

1. 将莲子去心，用研磨机磨碎；红枣去核；桂圆肉剁成碎末。
2. 糯米洗净，放入锅内，加清水用小火煮粥。
3. 待粥快熟好时，把桂圆肉、莲子、红枣放入，并煮沸一会儿即可。

扇贝粥

原料：扇贝1只，大米50克。

做法

1. 将米浸半个多小时；扇贝洗净（去掉黑色的部分）。
2. 将上面的材料一起放入锅中，大火煮开，用小火炖一个小时左右即可。

🥣 胡萝卜牛肉粥

原料：牛肉15克，胡萝卜30克，白米粥适量。

做法 ....

1.牛肉15克洗净剁碎、调味；胡萝卜30克去皮切丁。

2.煮好白米粥后把牛肉、胡萝卜放入粥内，煮熟且拌匀即可。

🥣 黑芝麻粥

原料：粳米50克，黑芝麻10克。

做法 ....

1.将黑芝麻洗净，沥干水分，用小火炒香倒出凉凉，放入钵内捣碎。

2.粳米淘洗干净，加水上火煮烂成粥，加入芝麻稍煮即可。

🥣 海带黄瓜饭

原料：大米40克，海带10克，黄瓜20克。

做法 ....

1.海带用水浸泡10分钟后捞出来，切碎。

2.黄瓜去皮后切碎。

3.把泡好的大米和1000毫升水倒入锅里，将米煮成烂饭，然后放入海带和黄瓜碎，用小火蒸熟即可。

🥣 炒木须饭

原料：大米、鸡蛋、植物油各适量，盐少许。

做法 ....

1.大米淘净下锅，找好水量，焖成干饭。

2.大勺加少许油烧热，将搅匀的鸡蛋液倒入炒熟，捣成碎状，然后将米饭倒入翻炒，片刻后加少许盐，炒匀即可出锅。

🥣 山药粳米粥

原料： 鸡蛋1个，山药50克，粳米150克，红枣10个，水适量。

做法

1．将山药、粳米洗净，山药切片；红枣洗净、去核；鸡蛋打破去蛋清留蛋黄置碗内，搅散。

2．然后将水和红枣放入锅中，待大火将水烧开后再加粳米、山药，改小火熬粥至熟，起锅前再将蛋黄加入并搅匀，煮沸即可。

🥣 豆腐香肠羹

原料： 嫩豆腐150克，香肠30克，鸡蛋1个，水淀粉、精盐、葱花各少许。

做法

1．将嫩豆腐切成小方块，在开水里滚过；香肠煮熟后切成小段。

2．鸡蛋打透后倒入长方盘内，上锅蒸熟，切成小方块。

3．锅内放水，滚开后把这些材料放入锅内，淀粉勾芡，然后加入少许精盐、葱花即可。

🥣 蛋奶鱼丁

原料： 鱼肉150克，鸡蛋1个（取蛋清），植物油、精盐、白糖、牛奶、水淀粉各少许。

做法

1．鱼肉洗净，剔去骨、刺，剁成蓉状，放入适量精盐、蛋清及水淀粉，搅拌均匀后，放入盆中上锅蒸熟，凉凉后切成小丁。

2．炒锅内放油，烧热下入鱼丁煸炒，然后加适量水和牛奶，烧沸后加少许精盐、白糖，用水淀粉勾芡即可。

炸香椿

原料： 香椿芽200克，面粉100克，鸡蛋1个，玉米粉、精盐、泡打粉、花生油或菜油少许。

做法

1.将香椿芽洗净，用精盐腌一下，沥去水分；把鸡蛋打碎，蛋液放在容器中，加入面粉、玉米粉、泡打粉、花生油或菜油，调成稀面糊，再将香椿芽倒入容器中。

2.锅中放入油，置火上，烧至五成热。将香椿一根根挂好糊，下油锅炸，炸至鼓起时捞出；再将油烧至七成热，将炸好的全部香椿倒入油锅，拨散，翻转炸至金黄色时，捞出即可。

银耳鸭蛋羹

原料： 鸭蛋1个，水发银耳50克，白糖少许。

做法

1.将水发银耳去杂洗净，放入锅中加水煮到软为止。

2.鸭蛋打入碗中搅匀，倒入锅中煮沸，加白糖稍煮，盛入碗中即可。

猕猴桃甜果羹

原料： 猕猴桃2个，苹果1个，香蕉1根，梨半个，白糖、水发银耳、清水、淀粉各适量。

做法

1.将猕猴桃洗净后，用纱布包好，挤出汁，放入锅中，加入白糖、清水煮沸；银耳洗净后上笼蒸一会儿，撕成小片。

2.苹果、香蕉、梨均去皮、去核，切成丁和银耳一起放入猕猴桃汁中，再次煮沸。

3.用清水调开淀粉，慢慢倒入锅中的果羹中，边煮边搅，煮沸离火，凉凉即可。

煎绿豆饼

原料：肉馅100克，百合15克，绿豆100克，青椒、红椒各半个，精盐、淀粉各少许。

做法

1. 百合洗净泡开；青红椒洗净切碎；绿豆用清水浸泡一晚，放高压锅中煮熟盛出。

2. 将熟绿豆放入肉馅中，加精盐调味拌匀；做成小圆饼形，上面盖两片百合，肉馅底部可蘸上少许淀粉。

3. 用平底锅慢火两边煎熟。把煎熟的绿豆饼推向一边，再加少许油爆香青红椒碎点缀即可。

五仁包子

原料：面粉500克，核桃仁、莲子、瓜子仁、黑芝麻、红丝各50克，干酵母粉、泡打粉各适量，白糖少许。

做法

1. 将面粉、干酵母粉、泡打粉放盛器内混合均匀发酵好后，搓成一个一个小团子，做成圆皮备用。

2. 将核桃仁、莲子、瓜子仁切碎，加炒好的黑芝麻、红丝、白糖拌匀。

3. 面皮包上馅后，把口捏紧，然后上笼用急火蒸15分钟即可。

烧蘑菇

原料：蘑菇300克，白糖、清汤、酱油、精盐、水淀粉和香油各少许。

做法

1. 蘑菇去杂，洗净，切成条。

2. 锅置火上，放油烧热，放入蘑菇条煸炒，加精盐、酱油、白糖炒至入味后，加入清汤，烧开，小火稍焖一会。

3. 最后用水淀粉勾芡，淋入香油，翻炒均匀，出锅装盘即可。

芹菜豆腐干

原料：嫩芹菜150克，豆腐干50克，黄豆芽汤、酱油、水淀粉、香油各适量。

做法

1. 芹菜择洗干净，切成小段；豆腐干切成薄片。
2. 芹菜、豆腐干放入沸水锅中焯透捞出，沥干水备用。
3. 锅置火上，放油烧热后，随即加入酱油，倒入豆腐干、芹菜煸炒几下，再加入黄豆芽汤略煨一下后，用水淀粉勾芡，淋入少许香油即可。

珍珠汤

原料：面粉40克，鸡蛋1个，虾仁10克，菠菜20克，高汤200克，香油2克，精盐少许。

做法

1. 取鸡蛋清与面粉和成稍硬的面团，揉匀，擀成薄皮，切成比黄豆粒小的丁，搓成小球。
2. 虾仁用水泡软，切成小丁；菠菜用开水烫一下，切末。
3. 将高汤放入锅内，放入虾仁丁，加入精盐，烧开后再放面丁，煮熟，淋入鸡蛋黄液，加菠菜末，淋入香油。

紫菜墨鱼丸汤

原料：墨鱼肉150克，瘦猪肉250克，紫菜15克，淀粉、盐、猪油、花生油各少许。

做法

1. 紫菜洗净用清水泡发；墨鱼肉和瘦猪肉分别洗净，均剁成肉泥，加淀粉、盐、猪油拌匀成鱼蓉馅料，做成丸子。
2. 锅内放花生油烧开至六七成熟，下丸子炸至金黄色，捞出沥去油。
3. 锅内放清水烧开，放入鱼丸、紫菜烧开后，改用小火煨10分钟即可。

花生衣红枣汁

原料： 生花生米100克，红枣（干）50克，红糖少许。

做法

1.花生米用温水泡半小时，去皮；红枣洗净后温水泡发。

2.红枣与花生米皮同放铝锅内，倒入泡花生米的水，加清水适量，小火煮半小时。

3.捞出花生衣，加适量红糖即可。

黄豆炖排骨

原料： 黄豆250克，猪排骨500克，料酒、酱油、精盐各少许。

做法

1.将黄豆去杂洗净，下锅煮熟；排骨洗净，砍成小块。

2.锅内注入适量清水，加入排骨、料酒、酱油，大火烧沸后，改用小火炖，加入精盐、黄豆，炖至肉熟烂入味，盛大汤碗内即可。

白萝卜炖大排

原料： 猪排200克，白萝卜100克，姜片适量，精盐少许。

做法

1.猪排剁成小块，入开水锅中焯一下，捞出用凉水冲洗干净，重新入开水锅中，放姜片用中火煮炖90分钟，捞出去骨；白萝卜去皮，切条，用开水焯一下，去生味。

2.锅内煮的排骨汤继续烧开，投入去骨排骨和萝卜条，炖15分钟，肉烂、萝卜软，加少许精盐调味即可。

蛤蜊肉汤

原料： 蛤蜊肉250克，高汤适量，料酒、精盐各少许。

做法

1.将蛤蜊肉放入清水中洗净，切成小块备用。

2.将切好的小块蛤蜊放入高汤中煮沸，加入料酒、精盐调味，最后去浮沫即可。

 **1.5～2岁** 宝宝喂养方案

 身体发育及营养需求

 宝宝身体发育指标

项目/性别	男宝宝	女宝宝
身高	80.9～94.9厘米，平均87.9厘米	79.6～93.6厘米，平均86.6厘米
体重	9.7～14.8千克，平均12.2千克	9.2～14.1千克，平均11.7千克
头围	45.6～50.8厘米，平均48.2厘米	44.8～49.6厘米，平均47.2厘米
胸围	45.4～53.4厘米，平均49.4厘米	44.2～52.2厘米，平均48.2厘米
牙齿	大多数宝宝已经长出16～20颗牙齿	大多数宝宝已经长出16～20颗牙齿

宝宝身体发育特点

1 动作发育

一岁半的宝宝更加好动，走路更稳，有时还想跑。尤其是在户外，稍微不注意，宝宝可能跑出去好远。在家里也经常会是爬上爬下。宝宝喜欢学着大人的样子踢皮球，随着音乐晃动身体跳舞，还喜欢所有可以按动的开关或按钮，不停地打开又关上。

2 记忆力

宝宝的记忆力和想象力也有所发展。一件玩具找不到了，宝宝会努力寻找，甚至能换一个地方再找。宝宝有了明显的回忆能力，可以想起很久以前记住的事情，并运用到当前的生活中。

3 手的能力

宝宝的手眼活动从不协调到协调，可以自如地自喂饼干，五指从不分工到有较为灵活的分工，可以用食指和拇指对捏糖块。双手从"各自为政"到能够互相配合，可以一同摆弄玩具。精细动作获得发展，可以独自抱着奶瓶喝奶，打开瓶盖，把圈圈套在棍子上等。

4 语言能力

一岁半的宝宝可以听懂自己的名字，可以听懂一些简单的词汇，会叫爸爸妈妈，能和成年人一样会分辨声源，宝宝还会模仿成年人的动作。这时的宝宝在大小便之前已经能知道叫人，但仍然需要督促。

1.5~2岁宝宝营养需求

宝宝到1.5岁时，随着其消化功能的不断完善，饮食的种类和制作方法开始逐渐向成人过渡，以粮食、蔬菜和肉类为主的食物开始成为幼儿的主食。不过，此时的饮食还是需要注意营养平衡和易于消化，不能完全吃成人的食物。

给宝宝做饭时要将食物做得软些，早餐时不要让宝宝吃油炸的食品，如油条、油饼等，而要吃面包或饼干、鸡蛋、水果、牛奶等，每天的奶量最好控制在250毫升左右。在奶量减少后，每天要给宝宝吃两次点心，时间可以安排在下午和晚上，但不要吃得过多，否则会影响宝宝的食欲和食量，时间长了，会导致宝宝营养不良。

 **喂养禁忌：不宜吃过硬的食物**

宝宝的吞咽能力还不是很成熟，像花生仁、瓜子、枣等这些食物不宜给宝宝食用的，以免误吞入气管，引起窒息。对于这个年龄段的宝宝，只能适当提供一些需要他去咀嚼又能够嚼得了的食物，所提供食物的硬度，也要遵循循序渐进的原则，不能给宝宝吃过硬且不易吞咽的食物。

宝宝饮食的要点

1岁半还没有断奶的宝宝应该尽快断奶，否则将不利于宝宝建立起适应其生长需求的饮食习惯，更不利于宝宝的身心发育。

好妈妈须知

妈妈不能给宝宝喝含有咖啡因或碳酸型饮料，如可乐型饮料。因为宝宝喝了这些含咖啡因的饮料后会导致中枢神经兴奋，容易使宝宝患多动症。

营养小窍门

在宝宝摄入的食物中，碳水化合物占有很大的比例，这些碳水化合物就是糖类，在体内均能转化为葡萄糖。因此，宝宝不宜直接摄入过多的葡萄糖，更不能用葡萄糖代替白糖或其他糖类。因为如果经常用葡萄糖代替白糖或其他糖类，肠道中的消化酶和双糖酶就会失去本来的作用，长期下去，就会导致消化酶分泌功能降低，消化能力减退，从而影响宝宝的生长发育。

鸡蛋的营养价值虽高，但远远比不上鹌鹑蛋。鹌鹑蛋里的蛋白质比鸡蛋高30%，维生素B_1比鸡蛋高20%，铁比鸡蛋高46%，并含有许多人体生长发育不可缺少的成分，鹌鹑蛋还具有抗过敏和促使宝宝长高的作用，因此妈妈应适当让宝宝吃些鹌鹑蛋，但鹌鹑蛋体积小，吃时要注意，不能让宝宝噎着。

小贴士

离乳期的宝宝仍需要喝奶

宝宝到了离乳期，但并不意味着不再需要喝奶了。配方奶、鲜奶、酸奶、奶酪，以及其他奶制品，仍应作为奶类食品供给宝宝。要根据宝宝的喜好来选择不同的奶制品。建议每天给宝宝喝300毫升左右的配方奶或鲜奶。也可以喝120~250毫升的酸奶或吃一两片奶酪代替部分配方奶。如果宝宝不爱喝牛奶，可以尝试一下羊奶。

贴心提示

在补充鸡蛋、奶制品、鱼肉等动物性蛋白质的同时，不能忘记补充豆类蛋白，如豆腐、豆浆等，还要牢记蔬菜水果的重要性，保证食物的多样化。

山楂片能消食健胃，味道酸甜可口，是宝宝喜欢的小零食，但山楂片只适用于体质壮实的宝宝，而不适用于瘦弱、脾胃功能差的宝宝。因此，要根据体质决定宝宝是否适于食用山楂片。

专家答疑

维生素吃得越多越好吗？

不是。过量的维生素储存在体内，能引起不良反应或严重中毒。维生素A摄入过多，会出现恶心、皮肤瘙痒、手腕部和膝盖部位肿胀；维生素B过量，会引起头痛、眼花、心慌、失眠等；长期大量服用维生素C，易形成肾和膀胱结石；维生素D服用过量，也会造成低热、呕吐、腹泻、烦躁、头痛以及软组织钙化等；维生素E过量，可引起血栓性静脉炎，还可能使糖尿病恶化。因此，只要宝宝摄入均衡饮食，不缺乏水果和蔬菜，就无须额外补充维生素，只有在缺乏阳光，无水果和蔬菜，或宝宝长期患有消耗性疾病的情况下，才能经医生指导，根据患儿的病情，适量补充某种维生素。

宝宝为什么胃口不好？

宝宝胃口不好的原因是多方面的，最多见的是饮食行为习惯不合理造成的。有的宝宝十分任性，爱吃就多吃，想吃就吃，随心所欲，正餐时食欲必然会有所减退；有的宝宝喜欢吃冷饮，无节制地吃大量冰淇淋，也会影响胃口；有的宝宝辅食加得太晚，除了奶之外，其他食品都吃不进去。出现以上种种情况时，父母如果没有及时纠正，时间长了，宝宝的消化功能就会受到影响，导致营养素摄入不足，出现营养不良，而营养不良又会加重胃口不好，导致恶性循环。

对此，家长要及时调整喂养的方式，纠正宝宝偏食、挑食、吃零食的饮食习惯，及时改变宝宝边吃边玩的坏习惯，帮助宝宝养成定时进餐、专心吃饭的良好习惯。

胃口不好较少见的原因是患有消化系统疾病、慢性消耗性疾病、缺锌或其他疾病如营养性缺铁性贫血等。如果是因疾病引起的，应尽早去医院进行诊治。

一日食谱推荐

上午	8：00	母乳或配方奶150毫升，营养粥1小碗
	10：00	酸奶50毫升，蒸红薯或蔬菜饼或小肉卷1小块
	12：00	软米饭45克，营养菜50克（如豆腐），菜叶汤55克
下午	15：00	水果适量（如香蕉1根或苹果100克），蛋糕或其他小点心1块，母乳或配方奶150毫升
	18：00	软米饭或小米粥或面100克，营养菜和汤50克
晚上	21：00	母乳或配方奶200毫升
每天给宝宝喂1次适量鱼肝油，并保证饮用适量白开水		

1.5~2岁 宝宝营养食谱

 猪肝花生粥

原料： 大米200克，鲜猪肝100克，花生仁50克，胡萝卜、番茄、菠菜、鸡汤各适量。

做法

1. 鲜猪肝、胡萝卜、番茄分别洗净，切碎；菠菜焯烫后，切碎。

2. 将大米、花生仁淘洗干净，放入电饭锅中煮成粥。

3. 将猪肝碎、胡萝卜碎放入锅内，加鸡汤煮熟后，和番茄碎、菠菜碎一起放入煮好的花生粥内，煮至粥稠即可。

高粱米红枣粥

原料： 白高粱米50克，去核红枣6颗。

做法

1. 红枣洗净，放到温开水里泡软。

2. 白高粱米淘洗干净后，倒入炒锅里，用小火炒成淡黄色。

3. 将高粱米和红枣都放入锅中，加适量清水，用大火煮至稠状即可。

皮蛋瘦肉粥

原料： 猪瘦肉50克，皮蛋1个，粳米50克，鲜汤各适量。

做法 ·············

1.将猪瘦肉洗净，放入锅中。用大火煮沸，再转用小火煮20分钟，撇去浮沫，捞出猪肉切成小丁。

2.皮蛋去壳切成末；粳米淘洗干净，放入锅中，加入鲜汤和适量水，用大火烧开后转用小火熬煮成稀粥。

3.粥稠后加入猪肉丁和皮蛋末，稍煮即可。

鸡蛋虾仁水饺

原料： 鸡蛋1个，虾仁200克，饺子皮、精盐、植物油、香油各适量。

做法 ·············

1.鸡蛋打散，搅拌均匀，下油锅炒成鸡蛋碎；虾仁去除纱线，洗净，切碎。

2.将虾仁碎、鸡蛋碎、精盐、植物油、香油拌匀，制成馅料；取饺子皮，包入馅料，做成饺子生坯。

3.锅内加水，煮沸后下入饺子，煮沸后加凉水，重复3次，再次煮沸时，捞出即可。

南瓜肉丁

原料： 瘦肉、南瓜各150克，山楂糕、蛋清各适量，料酒、香油、精盐、酱油、水淀粉各少许。

做法 ·············

1.将瘦肉洗净，切成丁，放入碗内，加入水淀粉、蛋清及水浆好；山楂糕、南瓜均切成丁。

2.锅中倒油，上火烧至六成热时，将肉丁下入锅内炸至变白，再下入南瓜丁、山楂糕丁，滑油半分钟即可出锅，控油。

3.锅底留油少许，烧热，倒入肉丁、南瓜丁、山楂糕丁、清汤、酱油、精盐、料酒、水淀粉，翻炒均匀，至汁芡浓稠，淋上香油即可。

小黄瓜奶酪三明治

原料： 新鲜吐司2片，小黄瓜20克，奶酪一片。

做法

1.吐司面包去皮，对角切成三角形。

2.小黄瓜洗净刨丝再切碎。

3.将小黄瓜与奶酪夹入吐司中即可。

五彩饭团

原料： 米饭200克，鸡蛋1个，火腿、胡萝卜、海苔各适量。

做法

1.米饭分成8份，搓成圆形。

2.鸡蛋煮熟，取蛋黄切成末；火腿、海苔切末；胡萝卜洗净，去皮，切丝后焯熟，捞出后切细末。

3.在饭团外面分别蘸上蛋黄末、火腿末、胡萝卜末、海苔末即可。

卤肉饭

原料： 香菇2朵，猪肉100克，洋葱末、料酒、酱油、糖各少许。

做法

1.香菇2朵泡软，切小块备用。

2.油放锅中烧热，爆炒洋葱末，加入香菇和猪绞肉炒至半熟，加入料酒、酱油、糖和水，用小火焖煮1小时即为卤肉料。

3.将卤肉汁浇在软饭上即可食用。

肉丁花生米

原料： 瘦肉200克，花生米100克，胡萝卜30克，红柿椒25克，料酒、精盐、花生油各少许。

做法

1.将花生米放油锅中炸熟，捞出沥油；把肉、胡萝卜、红柿椒均洗净，切成丁。

2.油锅中放入植物油少许，烧热，下入肉丁煸炒，烹入料酒、精盐，炒至肉丁刚熟，下入胡萝卜丁、红柿椒丁共炒，再下入花生米炒匀即可。

香椿豆腐

原料： 香椿芽20克，豆腐50克，肉末10克，花生油、盐各少许。

做法

1.香椿芽洗净，切碎；豆腐冲洗后压成豆腐泥。

2.锅内倒油烧热，下入香椿芽，爆香后下入肉末，然后放入豆腐，翻炒3分钟左右，加少许盐调味即可。

鳕鱼番茄饭

原料： 鳕鱼100克，番茄80克，火腿30克，鸡蛋1个，白饭1碗，花生油、精盐各少许。

做法

1.将鳕鱼、番茄洗净，和火腿都切成丁，鸡蛋打散搅匀备用。

2.锅中加油烧热，放入鸡蛋液炒成块状，盛出备用。

3.锅再放油烧热，下入鳕鱼煎熟，再加入番茄和火腿丁、鸡蛋炒香，加精盐调味后盖于白饭上即可。

炒三丁

原料： 鸡蛋1个，豆腐30克，黄瓜1/3根，精盐、水淀粉、花生油各适量。

做法

1.将鸡蛋黄放入碗内调匀，倒入抹油的盘内，上笼蒸熟，取出切成小丁。

2.将豆腐、黄瓜切成丁。

3.热锅入油，放入蛋黄丁、豆腐丁、黄瓜丁，加适量水及精盐，烧透入味，水淀粉勾芡即可。

素拌凉面

原料： 面条500克，菠菜或小白菜300克，青椒（甜）1个，榨菜25克，葱10克，酱油10克，香醋5克，精盐3克，香油15克，高汤适量。

做法

1. 将菠菜洗净，焯熟，捞出放到凉水中过一下后切成长段；青椒切丝、焯熟；榨菜、葱切成碎末。

2. 将面条煮熟后过凉水备用。

3. 将酱油、香醋、精盐、香油、高汤等调料放入碗中，调成凉拌汁，浇入凉面中。然后依次把菠菜、青椒丝、榨菜末、葱末放在面条上，拌匀即可。

花生酱蛋奶

原料： 牛奶1杯半，花生酱1/3杯，鸡蛋2个，白糖、花生油各适量。

做法

1. 将牛奶与花生酱混合，搅拌均匀；将鸡蛋磕入碗中，打散搅匀。

2. 在牛奶、花生酱中，加入白糖、鸡蛋液，搅拌均匀。

3. 在小蒸杯内层涂一层油，倒入牛奶蛋液花生酱。

4. 将小蒸杯放入锅中，蒸15分钟左右，用叉子插入，取出时叉子是干净的即可。

肉末炒番茄

原料： 鲜里脊肉50克，番茄1个，葱末、水淀粉、植物油、精盐各少许。

做法

1.将鲜里脊肉切碎，或绞成肉馅，用水淀粉抓匀。

2.番茄洗净切块，现炒现切。

3.炒锅烧热，加入植物油，油热后放入葱末及肉末，煸炒至肉末变为白色，淋少许水，加盖焖熟肉末。

4.加入切好的番茄翻炒，小火焖3分钟，加少许精盐即可。

琥珀桃仁

原料： 核桃肉500克，炒香白芝麻2汤匙，白糖少许。

做法

1.油入锅烧热，倒入核桃仁，中火炒至白色的桃仁肉泛黄，捞出控油。

2.去掉锅内的油，倒入2大匙开水，放入白糖，搅至熔化，倒入核桃不断翻炒至糖浆变成焦黄，全部裹在核桃上，再撒入芝麻，翻炒片刻即可。

肉末圆白菜

原料： 瘦猪肉50克，圆白菜250克，酱油、精盐、水淀粉、植物油各适量。

做法

1.猪肉洗净，剁成碎末；圆白菜洗净，用开水烫一下，切碎。

2.锅置火上，放入油烧热，下肉末煸炒断生，加入酱油、精盐搅炒两下，放入少量水，煮软后再加入圆白菜稍煮片刻，用水淀粉勾芡即可。

柠檬乳鸽

原料：乳鸽2只，鲜柠檬1个，白糖、鸡汤、料酒、酱油、花生油各适量。

做法

1.将乳鸽肉洗净、去内脏，鸽身腹壁外用料酒、酱油拌匀，腌一会下热油锅炸约3分钟捞起；将柠檬去皮、核，切成片，挤出果汁。

2.锅中放入花生油，放乳鸽、柠檬汁、白糖、酱油、料酒、鸡汤，烧沸后改用小火炖至肉烂入味即可。

香肠炒蛋

原料：鸡蛋2个，香肠100克，植物油、精盐各少许。

做法

1.将鸡蛋打散，搅拌均匀；香肠切成碎末。

2.将香肠末放入蛋液里，搅拌均匀。

3.锅置火上，倒入适量油，烧热后把搅拌好的香肠蛋液倒入，大火翻炒2分钟，加精盐调味即可。

荔枝饮

原料：新鲜荔枝5枚，红枣10个，冰糖少许。

做法

1.将荔枝、红枣均洗净去皮、核。

2.将果肉放入锅内，加适量水，先用大火煮沸，然后改小火煮30分钟。

3.将少量冰糖弄碎加水溶化，倒入荔枝汤内即可。

鱼片烩玉米

原料：净黄鱼150克，玉米粒100克，鸡蛋1个（取鸡蛋清），植物油、精盐、鲜汤、淀粉、水淀粉各适量。

做法

1.黄鱼去皮、刺，改刀切成片，用清水洗净，加精盐、鸡蛋清、淀粉上浆备用。

2.油锅烧热，下入鱼片滑油至熟捞出，沥油。

3.锅洗净，放入适量鲜汤，烧沸加少许精盐，放入玉米粒、鱼片烧沸，水淀粉勾芡，淋熟油即可。

鸳鸯卷

原料: 面粉600克,豆沙馅、番茄酱各400克,熟面粉150克,青红丝少许,白糖、酵母粉、食用碱、植物油各适量。

做法

1. 番茄酱、白糖放入热油锅中用小火炒成稠糊状,加熟面粉搅拌成馅。
2. 面粉加酵母粉、食用碱揉成面团,稍饧,擀成长方形薄片,两边抹上豆沙馅和番茄酱馅卷起,压上花纹,撒上青红丝,入锅中蒸熟,取出切段即可。

蛋皮肝泥卷

原料: 鸡蛋皮1张,鲜猪肝泥20克,植物油、料酒、葱末、精盐、白糖、水淀粉、香油各适量。

做法

1. 炒锅中倒入植物油,放入肝泥煸炒,并加入料酒、葱末、精盐、白糖炒透入味,放适量水淀粉勾芡及香油略炒一会盛出。
2. 将鸡蛋皮抹匀水淀粉,炒好的肝泥倒在上面抹匀,然后从两边分别向中间卷,用水淀粉黏合相接处,合口朝下码入屉盘,蒸5分钟,出锅切成小段食用即可。

鸭泥腐皮汤

原料: 鸭肉50克,豆腐皮60克,盐、料酒、清汤、鸡油各适量。

做法

1. 将鸭肉切成细末,豆腐皮切成细丝后用清水泡上。
2. 将汤锅置旺火上,放入清汤、料酒、鸭肉末、控净水的豆腐皮一起煮熟。
3. 待汤开后,撇去浮沫,加少许盐调好口味,放入鸡油煮沸起锅,盛入汤碗中即可。

紫菜黄瓜汤

原料：水发紫菜250克，黄瓜1根，精盐、酱油、香油各少许。

做法

1.将紫菜去杂洗净，切成段；黄瓜洗净切片。

2.锅内放适量水烧沸，放入少许精盐、酱油、黄瓜烧沸，撇去浮沫，放入紫菜再烧沸，淋香油，即可。

 芹菜红枣汤

原料：芹菜200克，红枣5枚，葱段、精盐、花生油各少许。

做法

1.将芹菜择洗干净，切成小段；红枣洗净，去核。

2.锅置火上，加入花生油，烧热，放葱段爆香，加入芹菜段煸炒，放入适量水、红枣及少许精盐烧至熟即可。

营养专题：营养素一个不能少

营养素的重要性

　　营养素对于人体是很重要的，尤其是生长发育迅速的婴幼儿，更是特别重要。首先，营养素是生长发育的物质基础，由于婴幼儿处于生长时期，体内各组织的生长都离不开营养素，需要比成人相对更多的营养素以建立自身的组织；其次，营养素又是人体进行新陈代谢所需要的物质，由于细胞的衰老、破坏和死亡，各组织必须更新和重建。婴儿期的新陈代谢过程是人体一生中最旺盛的阶段，因此，需要更多的营养素才能完成这一过程。

　　世界上的食物可能有成千上万种，但就其主要营养成分而论，主要有蛋白质、脂肪、糖（碳水化合物）、维生素、无机盐和水六大类。

　　不同食物所含营养素不同，即使所含营养素种类相同，其含量也是不同的。其中蛋白质、脂肪和糖类，称为三大营养物质，它们通过消化系统的消化作用，蛋白质消化成为各种氨基酸，脂肪分解成脂肪酸和甘油，糖类物质变成葡萄糖或果糖，然后吸收进入血液；其他三类，即维生素、无机盐和水也是人类生存不可缺少的，均可以直接吸收，未被吸收的食物残渣通过大便排出体外。进入血液的各种营养素，在人体这座高级化工厂里，通过体内一系列复杂的化学变化，最终将它们转化成热能和废物，使营养物质最终满足人体能量的需要和身体增长的需要。因此，父母要从宝宝对营养物质的需要出发，尽可能地满足宝宝对营养素的需求。

当营养素缺乏时，会影响人体各种组织的生长。研究表明，食物的卵磷脂参与中枢神经系统的传导功能，有利于大脑的兴奋和抑制，能提高记忆力和理解力；蛋白质是组成大脑细胞不可缺少的物质，而婴幼儿在12个月以后脑细胞数目就不再增加了，所以当婴幼儿缺乏足够蛋白质和卵磷脂的食物，不仅会造成体重不增，体型矮小，还能导致婴幼儿智力低下。

为了让婴幼儿生长发育正常，就必须让婴幼儿摄入全面、均衡的营养素，蛋白质、脂肪与碳水化合物供应量的比例要保持1：1.5：4，不能失调。婴幼儿断奶后，在照顾消化能力的前提下，膳食构成应做到数量充足、质量高、品种多、营养全。

要保证婴幼儿获得足够的热量和各种营养素，就要照顾到婴幼儿的进食和消化能力，在食物的烹调上下功夫。

 # 蛋白质

构成人体的主要材料是蛋白质。例如，肌肉、心脏和肾的大部分由蛋白质（除了水以外）构成。骨骼也是由充满了矿物质的蛋白质构成，特别像衣服的领子用淀粉浆洗过以后而变得挺直一样。儿童需要蛋白质不断发育身体的各个部位，也需要蛋白质修补被破坏的组织和恢复细胞的功能。

每天给孩子食用各种各样的蔬菜、谷类植物、豆类和各类水果，是为儿童提供大量高质量蛋白质的最有效的途径。豆奶和其他豆制品也含有丰富的蛋白质。

美国营养学会认为，只要广泛食用上述食品，而不只是依赖于玉米或者大米，就能提供极为丰富的蛋白质。植物蛋白质来源的另一个好处是，它能提供大量的合成碳水化合物、纤维素和维生素。肉类、奶制品和蛋等动物产品确实含有蛋白质，而且含量相当丰富。但是却容易引起一些问题。它们含有动物脂肪和胆固醇，缺乏合成碳水化合物和纤维素，维生素的含量也很低。

碳水化合物

　　碳水化合物分复合碳水化合物和单一碳水化合物，它们都是淀粉，可以提供儿童需要的大部分能量。合成碳水化合物（如蔬菜、水果、谷类、豆类等），在人体内像燃料一样缓慢消耗；而单一碳水化合物（如糖和蜂蜜等）则很快被人体消化吸收。这两种糖作为肝糖贮存在肝脏中以备以后用。

脂肪

　　脂肪是人体的重要组成部分，它是提供机体热能的主要来源。对婴幼儿来说，脂肪可以提供35%左右的热量。同时，脂肪还是脂溶性维生素的介质，如维生素K、维生素D、维生素E、维生素K均先溶于脂肪，然后才能被人体吸收、利用。

　　脂肪可以分为油与脂两大类，凡是在室温20℃呈液体状的称为油，如豆油、菜子油、芝麻油、花生油等，也俗称植物油；呈固体状的称为脂，如羊油、猪油等，也称动物油。无论是油或脂，均由脂肪酸和甘油组成。植物油所含的脂肪酸多是不饱和脂肪酸，这是人体不能合成的必需脂肪酸，而动物性脂肪所含的脂肪酸，多数是饱和脂肪酸。婴幼儿不宜多吃动物脂肪，应多吃植物油，补充不饱和脂肪酸，当然也要适量吃些动物脂肪。

纤维素

　　纤维素是蔬菜、水果、谷类（如糠）和豆类中所含的纤维质，不能被肠道消化和吸收。在肉类、奶制品、鱼、家禽肉中一点儿纤维质也不含。纤维质在促进正常的肠道蠕动方面起着重要的作用。一个人如果只吃无刺激的饮食，如牛奶、肉汤和鸡蛋等，就很容易由于肠道下端缺乏物质而引起便秘。所以纤维对保持大小肠的健康起着举足轻重的作用。现在人们认为患大肠癌的主要起因是食物过于精细，缺乏纤维，因此通过肠道的速度过于缓慢。另外，纤维还能帮助降低胆固醇的含量。

热量

　　水和矿物质本身都没有热量，也就是说，不含能量。脂肪的热量很高，一盎司脂肪的热量比等量的淀粉、糖类或者蛋白质所含的热量高两倍多。黄油、人造奶油和植物油基本上是纯脂肪，奶油和沙拉的调味品中脂肪含量也很高，因此属于高能食品。肉类、家禽、鱼、蛋是由蛋白质和脂肪组成的，因此是高热量食物。糖和糖浆热量也很高，因为它们是浓缩的单一成分的碳水化合物，不含水和纤维。

　　所有富含纤维素的保麸谷谷物，单位热量比油腻食物都小得多。大多数蔬菜基本上由水、碳水化合物、蛋白质和纤维素构成，不含任何脂肪，因此单位热量也低。

矿物质

　　各种各样的矿物质在人体的组成和各部位机体活动中起着必不可少的重要作用。坚固的骨骼和牙齿取决于钙和磷；为身体各部位输送氧的红细胞中的物质有一部分是铁和铜；碘是甲状腺机能必不可少的元素。

　　所有的天然食物都含有各种各样、很有价值的矿物质，而食物的提炼或者煮的时间过长都会造成大量矿物质的损失。

钙

　　充足的钙源在骨骼快速生长期间起到十分重要的作用，在婴儿期和青春发育期内的作用尤其重要。女孩在青春期消耗掉大量钙，因此需要预防将来骨质密度降低（骨质疏松症）。绿色蔬菜、豆类和一些黑色食物，都是有益于健康的钙源。以植物为主的饮食之所以有助于保持骨骼中的钙，实际上是因为它减少了通过肾而流失的钙。此外，应多进行户外运动，既保证了日晒，又有了体育锻炼，运动本身也能够增加钙元素的活动，加速其代谢，促进吸收。

铁

从蔬菜（尤其是菜花、甘蓝和瓜类）中和豆类（尤其是大豆、海军豆、东北大豆）中可以获取大量的铁，足以满足儿童的正常生长和发育。这些蔬菜不会使儿童发胖，因为它们不含大部分肉类和奶制品所含有的饱和脂肪。

婴儿到了半岁左右的时候，需要更多的铁来制造红细胞。由于他们生长发育迅速，出生时体内有限的能量已开始耗尽。牛奶中几乎不含铁质，而喝牛奶的婴儿又很少吃其他食物，这样他们就可能导致严重贫血。因此，我们必须特别重视为婴儿寻找含铁的谷类食品和加铁的奶制品。研究发现，虽然母乳的含铁量极少，但是它含有一种极易消化吸收的铁质。对6个月以前的婴儿来说，母乳的含铁量是足够用的。

碘

碘是宝宝生长必不可少的营养素，是宝宝的"聪明元素"。从胎儿到出生后2岁，是人脑发育的重要阶段。这个时期每日至少需要40~70微克的碘来合成足够的甲状腺激素以保证正常脑发育。最好的补碘途径是母乳喂养，从母体得到足够的碘以保证婴幼儿生理需要。另外，宝宝还能吃一些辅食补碘，如海带、紫菜、海鱼、海虾等。

维生素

维生素是身体保持正常生理活动所需要的少量特殊物质。如同机器需要加油，汽油发动机启动需要电火花一样。大部分维生素都可以从均衡的饮食中获取，比如从蔬菜、保麸谷谷物、水果、豆类等。但是维生素B_{12}除外，它仅存在于动物性食品、添加维生素谷物食品以及少数几种其他添加维生素的食品中。因此，如果宝宝不吃肉类或者奶制品，就需要注意补充维生素。营养专家建议，在医生的指导下给孩子服用维生素片剂，它对挑食、不吃水果和蔬菜的孩子或者发育不太好的孩子都适用。

维生素A

维生素A是由β－胡萝卜素在体内转化而成的。它对保持支气管内壁、肠道内壁、泌尿系统以及眼睛的各个部位的健康都十分重要，尤其是可以保持眼睛在昏暗的光线下看东西的功能。黄、橙色的蔬菜能提供孩子所需的全部维生素A。患有消化道疾病或者慢性营养不良的人往往会缺乏维生素A。但是维生素A不能摄入过量，过量的维生素A也会对身体有害。

B族维生素

科学家们曾经认为，在体内发挥着多种作用的只不过是一种维生素B。但调查研究发现，那是十几种不同的维生素B，这些维生素B大部分都存在于同一类食物中。由于人们还不十分了解B族维生素，所以，大量食用含有B族维生素的天然食品比分别服用维生素B片剂要好得多。

对人体最重要的四种维生素B的化学名字分别叫做：硫胺素、核黄素、烟酸、盐酸吡哆辛，这是四种人体离不开的维生素。奶类、蛋类、肝类和肉类中都含有一定的硫胺素（维生素B_1）、核黄素（维生素B_2）和烟酸（维生素B_3或者尼古丁酸）。但是，由于这些食物中常常含有过量的饱和脂肪，所以我们还可以从糙米、保麸谷、豌豆、豆子、花生、添加维生素的面包、面食和各类谷类食物中获取。以精制的淀粉和糖为主的饮食可能导致儿童缺乏维生素B。

含有盐酸吡哆辛（维生素B_6）的食物有香蕉、卷心菜、玉米、燕麦、豌豆粒、麦麸等。这些食物再加上大部分的谷物，就可以满足婴幼儿维生素B_6的日常需求了。

钴胺（维生素B_{12}）分布于包括奶在内的各种动物食品中。但是在多数蔬菜中却找不到它。不吃动物食品的孩子可以把谷类食品和加入维生素B_{12}的豆奶，作为获取维生素B_{12}的来源。为了保证不吃动物食品的孩子能摄取足够的维生素B_{12}，可以在医生的指导下服用普通的儿童复合维生素。

叶酸

叶酸对制造脱氧核糖核酸和红血球非常重要。它存在于菠菜、花菜、萝卜蔬菜，纯粮和类似甜瓜和草莓这样的水果中。

维生素C（L-抗坏血酸）

猕猴桃、鲜枣、草莓、桔子、柠檬、西兰花和小白菜中都含有大量的维生素C，还有很多水果蔬菜也都含有维生素C。但是，维生素C在烹调过程中很容易被破坏。

维生素C对骨骼、牙齿、血管及其他组织的发育非常有用，而且在体内大部分细胞的代谢方面也发挥着重要的作用。维生素C缺乏症表现为骨骼周围疼痛出血和牙龈肿大渗血。食用大量富含维生素C的蔬菜和水果的人患癌症的几率较低。当然，这也与这些食物中的其他营养物质有关系。

维生素D

人体的生长和发育，尤其是骨骼和牙齿的发育，需要大量的维生素D。它把消化道中的食物的钙和磷吸收到血液里，然后再由血液送到骨端，满足骨头的生长发育。这就是我们要在孩子（尤其是在婴儿快速生长期间）的饮食中加入维生素D的原因。虽然一般食物中的维生素D含量较少，但是一般儿童都能摄入充足的多种维生素。

阳光的紫外线可促使人体皮肤自身合成维生素D，所以常在户外活动的人们能够自然地获取这种维生素。但是在寒冷的天气里，人们就会穿着厚厚的衣服呆在室内。大多数孩子每周只要晒30分钟的太阳，就不会出现维生素D的缺乏症。母亲在怀孕和哺乳期间也需要多补充维生素D。只吃母乳的孩子也应该专门补充维生素D。

维生素E

维生素E可以从坚果、籽类，以及许多植物油中得到，也可以从玉米、菠菜、花菜、黄瓜以及其他蔬菜和保麸谷物中获取。

维生素中毒

大剂量的维生素对孩子是十分危险的。脂溶性维生素（维生素A和维生素D）最可能造成严重中毒。即使是水溶性维生素，如盐酸吡哆辛（维生素B_6）和烟酸，都可能产生严重的不良反应。因此，一定要按照医嘱给孩子服用维生素，千万不可服用过量。

 # 水

水是人体重要的组成成分，年龄越小，身体组织中含水越多。成人身体含60%的水，刚出生的宝宝含水量达到了85%。人的各种体液中，水占首要成分。人体消化食物、新陈代谢及通过肾脏排泄废物都离不开水。因为宝宝机体代谢旺盛，如果补水不及时容易发生短暂或轻度机体缺水症状，有时还会达到严重失水症状。

父母要正确地给宝宝补水，首先，要经常让宝宝喝一定量的水，做到少"饮"多餐。不要等到宝宝渴了才让宝宝喝水，因为宝宝口渴时表明体内水分已失去平衡，身体细胞开始脱水。其次，宝宝极度口渴时，应该先让他喝少量的水，休息会儿等身体状况逐渐稳定再喝。不要等到渴极了的时候一次喝下过多的水，因为宝宝机体在短时间内喝下太多的水，会使体内的血液浓度急剧下降，从而增加心脏的工作负担，甚至可能会出现心慌、气短、出虚汗等现象。

有的宝宝喜欢喝果汁解渴，但这种饮料中含有大量的糖分和较多的电解质，喝了以后不能像白水那样很快离开胃部，而会长时间滞留，对胃部也会产生不良刺激。因此，果汁型饮料宝宝不宜天天喝。2岁以下的宝宝每天果汁的摄入量最好不超过100毫升，而且将果汁中加等量的儿童专用水稀释后再给宝宝饮用，这样既有利于吸收果汁中的营养成分，又能避免糖分过高，影响宝宝牙齿和身体的正常发育。

第 **6** 章

2~3岁：
可以吃大人的饭了

2~2.5岁 宝宝喂养方案

 身体发育及营养需求

 宝宝身体发育指标

项目/性别	男宝宝	女宝宝
身高	89.7~91.2厘米，平均90.4厘米	87.2~89.9厘米，平均88.5厘米
体重	12.7~13.2千克，平均12.9千克	11.8~12.1千克，平均11.9千克
头围	48.3~48.7厘米，平均48.5厘米	47.8~48.5厘米，平均48.1厘米
胸围	49.4~49.8厘米，平均49.6厘米	48.2~48.7厘米，平均48.4厘米
牙齿	大多数宝宝已经长出18~20颗牙齿	大多数宝宝已经长出18~20颗牙齿

宝宝身体发育特点

2岁以上的宝宝，身体生长进入衡速生长阶段，神经系统的发育较快，大脑的功能正在逐渐成熟。

1 动作发育

宝宝的运动技巧有了新的发展，不但学会了自由地行走、跑、跳、攀登台阶，动作的运动技巧和难度也有了进一步的发展。

2 语言发育

在语言发展方面，宝宝进入了口语发展的最佳阶段。宝宝说话的积极性很高，爱提问，学话快，语言能力迅速发展，掌握了最基本的语法和词汇，可以用语言与成年人交流。

3 自我意识

宝宝自我意识有了很大的发展，宝宝知道"我"就是自己，产生了强烈的要摆脱成年人的独立性倾向，什么事都要抢着自己去干，喜欢自己脱衣服、叠被子，尽管干不好也不要人帮忙。有时会表现得不听家人的话，对家人的要求或指令会产生对抗或违拗，宝宝已进入心理学上所称的"第一反抗期"。

这个阶段的宝宝，产生了较为复杂的情感及行为，希望与人交往，希望有小伙伴。但是，如果真让他们一起玩，

却又很难玩到一块儿，主要是由于宝宝的社会适应能力还有限，多让宝宝和小朋友一块儿玩有好处。

4 记忆力

这个年龄阶段的宝宝，有了较好的注意力和记忆力，能够较长时间专注地听故事、看电视、看电影等，能很快地背会一首儿歌、古诗，跟随成年人到某个亲友家后，再次路过时，能说出这是谁家。

5 睡眠

这个年龄段的宝宝，有的已经开始不愿意睡午觉，但精神很好，精力充沛，晚上睡得较早，睡得也较沉，就不必强求宝宝睡午觉了。

2~2.5岁宝宝营养需求

2岁以后的宝宝身体活动能力增强了，能跑会跳，当然所需要的热能与营养素要比1岁宝宝有所增加。2岁的宝宝每天应供给的营养为：热能5000千焦(1200千卡)，蛋白质40克，钙、铁、锌，基本与1岁宝宝略同，维生素稍有增加。将上述营养供给量折合成具体食物，大约粮食量为100~150克，鱼、肉、肝、蛋总量约100克，豆类制品约25克，每天吃250毫升的牛奶或豆浆，蔬菜数量与粮食量大致相同，也为100~150克，再加上适量的油及糖。有的宝宝活动量大或生长发育较快，尤其是男孩，食量要大些。

2岁宝宝的胃容量约为400~500毫升。为了满足生理需要，要将上面列举的食物吃下去，至少要安排四顿，一般称为三餐一点。根据热能计算，三餐一点即早餐、午餐、午点、晚餐。各餐之间的热量比例为25％∶35％∶10％∶30％。其原则可按照"早上吃好，中午吃饱，晚上吃适量"。食物的数量是否符合身体需要，一定要参考宝宝每月的体重增长情况。

 喂养禁忌：不宜给宝宝多吃肥肉

因为肥肉很香，又便于幼儿咀嚼、吞咽，所以许多宝宝都爱吃肥肉。虽然肥肉能供给宝宝所需要的营养物质——脂肪，还能提供幼儿生长发育所需要的热量，但如果长期过量地吃肥肉会导致体内脂肪成分过剩，血液中胆固醇与甘油三酯的含量增多，增加心血管疾病的发生率；进食过多肥肉还会影响宝宝对钙元素的吸收；此外，多吃肥肉还是肥胖症的祸根，因此父母不宜让宝宝多吃肥肉。

 小贴士

根据季节特点为宝宝选择食物

春天是宝宝生长发育比较快的季节，可以多吃一些含钙、蛋白质丰富的食物，如牛奶、虾米等。夏天应该多吃一些清爽的食物，如冬瓜、菠菜、萝卜、苹果、草莓、百合等各类蔬菜瓜果。秋天可以多吃些滋阴润燥的食物，如荸荠、藕、芋头、山药等。冬天应多吃一些富含热量、高蛋白、有滋补作用的食物，如羊肉、鸭肉、红薯、红枣、核桃、萝卜等。

宝宝饮食的要点

随着宝宝生理发育及消化系统的渐趋成熟，他的食物形态已经慢慢与大人相似了，这时宝宝也会出现偏食、食欲不振等一大堆让父母头疼的问题。

好妈妈须知

宝宝的饮食中应尽量少用半成品和市场出售的熟食，如香肠、火腿、罐头等，因为这些食物中所含有的添加剂、防腐剂对宝宝的身体有害。

营养小窍门

为了让宝宝拥有一双明亮的眼睛，要注意给宝宝准备一些对眼睛有益的食物，如瘦肉、动物的内脏、鱼虾、奶类、蛋类、豆类等含有丰富的蛋白质，而蛋白质又是组成细胞的主要成分；植物性的食物，如胡萝卜、苋菜、菠菜、韭菜、青椒、红心白薯以及水果中的橘子、杏、柿子等含有大量的维生素A，可以防止宝宝患夜盲症，并能预防和治疗干眼病；维生素C是组成眼球晶状体的成分之一，各种新鲜蔬菜和水果，尤其以青椒、黄瓜、菜花、小白菜、鲜枣、生梨、橘子中的维生素C含量比较丰富。

贴心提示

有些宝宝不爱吃荤菜，只喜欢吃素菜，这主要是与营养过剩有关。尽管只吃素食会对宝宝的发育有不良影响，但只要父母了解了正确的素食知识，在饮食中添加某些必需的养分，让爱吃素食的宝宝养成健康的饮食习惯，就不会影响宝宝的正常发育。

比如宝宝可以从糙米、土豆、全麦馒头、粗制面包和其他谷类中摄取到他们所需要的热量；如果宝宝喜欢吃蛋和鱼，就能够摄取足够多的蛋白质、维生素、矿物质、钙类和铁质；如果宝宝不爱吃所有的动物性食物，父母就应该多鼓励他吃豆腐、豆浆、豆芽等豆类食物，还应该适当地补充添加必需氨基酸的食物。针对爱吃素的宝宝，父母要与专业人士进行讨论，制订出适合宝宝的营养方案，以保证宝宝的正常生长发育。

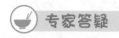 专家答疑

宝宝的饭食越精细越好吗？

对于咀嚼能力还不是很强的宝宝来说，父母就总是细粮细做，其实这是不正确的。太精细的粮食会造成某种或多种营养物质的缺乏，而且会引起一些疾病，因此，粗纤维食品在人们生活中是不可缺少的。经常给宝宝吃含粗纤维的食物（如芹菜、油菜等），可以促进宝宝咀嚼肌的发育，并有利于宝宝牙齿和下颌的发育，促进胃肠蠕动，增强胃肠消化功能，防止便秘，还具有预防龋齿和结肠癌的作用。妈妈给宝宝做含粗纤维多的食物时，一定要做得细、软、烂，以便于宝宝咀嚼和吸收。

如何给宝宝选择食用油？

食用油分为植物油和动物油。常用的植物油有芝麻油、豆油和花生油等。它们的主要成分是不饱和脂肪酸，又称为必需脂肪酸。不饱和脂肪酸不仅可以降低胆固醇的水平，而且可以保证大脑发育和皮肤健康等。另外，植物油还容易被消化，并且含有脂溶性维生素A、维生素D、维生素E等。与此相反，动物油中含饱和脂肪酸较多。如果摄入饱和脂肪酸过多，胆固醇就会增高，心血管疾病的发病率也会增高。而且动物油不易被消化，食用过多还会影响机体对其他营养素的吸收，不利于宝宝的健康。所以对于幼儿来说，主要应选用植物油，同时可以适当地食用少量的动物油，做到荤素搭配、营养均衡。幼儿每天摄入的食用油总量应保持在10～15克。

一日食谱推荐

	8：00	鲜牛奶200毫升，牛奶麦片粥35克
上午	10：00	绿豆地瓜水或果汁100毫升，蛋糕或蔬菜虾饼20克
	12：00	砂锅豆腐100克，麻酱花卷或鸡丝卷1个
下午	15：00	新鲜水果60克，面包或番茄豆沙夹50克，玉米糊100克
	18：00	肉包子55克，羊肉羹50克
晚上	20：00	鲜牛奶200毫升，馒头片或玉米饼20克
每天给宝宝喂1次适量鱼肝油，并保证饮用适量白开水		

🥣 荔枝桂圆粥

原料：荔枝、桂圆各50克，大米200克，五味子、白糖各适量。

做法 ·····

1. 将荔枝、桂圆分别去壳、核，洗净；大米淘洗干净；五味子洗净。

2. 锅置火上，放入大米、五味子和适量清水，大火煮沸后，放入荔枝、桂圆，转小火煮20分钟加白糖搅匀即可。

🥣 蜂蜜藕粉

原料：藕粉1大匙，水半杯，蜂蜜半小匙。

做法 ·····

1. 把藕粉研细不要有小疙瘩。

2. 然后把藕粉和水一起放入锅内均匀混合后用小火熬，边熬边搅拌直到呈透明糊状为止。

3. 停火后，在藕粉中加入半小匙蜂蜜即可。

🥣 南瓜拌饭

原料：南瓜50克，大米200克，白菜叶、精盐、香油、高汤各适量。

做法

1.南瓜去皮，洗净，切成碎粒；白菜叶洗净，切碎。

2.大米洗净，加高汤浸泡后，放在电饭锅内煮10分钟左右。

3.待煮沸后，加入南瓜粒、白菜叶碎搅拌均匀，继续煮20分钟，最后加香油、精盐调味即可。

🥣 八宝饭

原料：糯米200克，红枣、葡萄干、山楂条、什锦果脯各10克，植物油、白糖各适量。

做法

1.红枣洗净，泡软去核；葡萄干、山楂条洗净；糯米洗净入清水中浸泡2小时后，连水一起上屉蒸45分钟。

2.在容器内抹上植物油，摆入红枣、什锦果脯，将糯米饭、植物油、葡萄干、山楂条拌匀后装入容器内，蒸30分钟，出锅扣入盘中。

3.热锅中放白糖，熬成汁，浇在饭上即可。

🥣 芝麻包

原料：面粉200克，熟芝麻100克，酵母粉、白糖、草莓酱、熟面粉、青红丝、碱面各适量。

做法

1.白糖、草莓酱、熟芝麻、熟面粉拌匀成馅。

2.面粉加酵母粉、碱面、水揉成面团，饧好，做成小剂子，按成中间稍厚、边缘稍薄的圆皮。

3.左手托皮，右手填馅，捏成月牙形，在剂口处锁上花边，再将两角捏合在一起，在顶部撒少许青红丝，入锅中蒸熟即可。

🥣 鸡丝卷

原料：鸡蛋2个，猪瘦肉100克，面粉、精盐、料酒、香油、淀粉、植物油各适量。

做法

1.猪瘦肉洗净，剁成泥，加淀粉、精盐、香油、料酒拌匀；鸡蛋打散，加入适量淀粉、面粉拌匀。

2.平底锅用植物油抹过，倒入鸡蛋液，用中火摊成鸡蛋薄皮；将鸡蛋皮置于平盘中，上铺肉泥，卷成宽条。

3.将蛋卷放入蒸锅蒸8分钟至熟，凉凉切片即可。

🥣 素炒豆腐

原料：豆腐、冬菇各50克，胡萝卜、黄瓜各20克，料酒、葱末、精盐、香油、植物油各适量。

做法

1.将豆腐洗净，压碎；冬菇洗净，去蒂，切小块；胡萝卜洗净，切小丁；黄瓜洗净，切末。

2.锅中倒植物油烧热，用葱末炝炒，随后加豆腐碎、冬菇块、胡萝卜丁和黄瓜末煸炒透，加入料酒、精盐调味，淋上香油即可。

🥣 山药三明治

原料：新鲜吐司面包2片，山药100克，小黄瓜、奶酪各适量。

做法

1.吐司面包去皮，对角切成三角形。

2.山药洗净，蒸熟，去皮，切成片；小黄瓜洗净，切片。

3.将小黄瓜片、山药片、奶酪夹入吐司面包中即可。

🥣 猪肉茴香水饺

原料：茴香150克，猪肉、饺子皮、香油、葱末、精盐、酱油各适量。

做法

1.把猪肉洗净剁成泥，加入精盐、葱末、酱油和香油搅拌成肉馅；茴香洗净，沥去水，剁碎与肉泥调匀，做成饺子馅，取饺子皮包成饺子。

2.锅置火上，加适量清水，煮沸后下入饺子，用中火煮熟，捞出即可。

木耳炒白菜

原料： 水发木耳100克，大白菜250克，胡萝卜、酱油、精盐、水淀粉、植物油各适量。

做法

1.将泡发好的木耳择洗干净，撕成小片；选白菜的菜心，切成小片；胡萝卜洗净切片。

2.锅内倒油，烧热，下入白菜片、胡萝卜片煸炒，炒至白菜片、胡萝卜片将熟时，放入木耳，加酱油、精盐，炒拌均匀，用水淀粉勾芡，即可。

香煎蛋豆腐

原料： 芙蓉豆腐2盒，植物油1大匙，香油1小匙，精盐、糖各少许。

做法

1.芙蓉豆腐切成块状，并用纸巾略吸去多余的水分。

2.平底锅以中小火烧热，倒入油，待150℃时放入豆腐煎成金黄色，即盛入盘中。

3.将锅用纸巾擦拭干净，倒入香油，再加入精盐、水、糖煮开，然后淋在豆腐上即可食用。

蛤蜊青椒炒鸡蛋

原料： 蛤蜊肉250克，鸡蛋1个，青椒2个，葱、姜、精盐各少许。

做法

1.将蛤蜊生剥，洗净，把肉和肉中的汁一起放入碗中。

2.将鸡蛋打散加精盐搅匀；青椒洗净，切丝，同蛋液一起置于蛤蜊肉中，搅拌。

3.锅中加油烧至八成热后，加葱、姜煸炒出香味，将搅匀的蛤蜊肉下锅，炒熟出锅即可。

洋葱炒鸡肝

原料： 鸡肝150克，洋葱20克，面粉5克，奶油8克，鸡汤、猪油各适量，精盐少许。

做法

1.先将鸡肝洗净，然后切成片；洋葱洗净，切成丝。

2.将锅至火上，加入猪油，下洋葱用油炒至微黄，再放入鸡肝一起炒。

3.把水分炒干时，撒面粉，继续炒至发出香味时放奶油、鸡汤调匀，放精盐调好口味，即可。

茼蒿炒肉丝

原料： 茼蒿250克，猪肉200克，料酒、白糖、精盐、酱油、葱丝、植物油各适量。

做法

1.将猪肉洗净，切成细丝；茼蒿去老茎，洗净切小段。

2.炒锅放油烧热，放肉片煸炒至水干，加入酱油再炒，然后加入料酒、白糖、精盐、葱丝煸炒至肉片熟烂。

3.放入茼蒿继续煸炒至熟即可。

青椒土豆丝

原料：土豆1个，青椒2只，精盐、植物油各少许。

做法

1.土豆刨好丝后入淡精盐水中浸泡，以防止变色，保持脆爽；青椒洗净，切丝。

2.油锅烧热，放入青椒丝煸炒片刻，倒入土豆丝炒熟，加少许精盐翻炒片刻即可。

菠萝牛肉

原料：牛肉100克，菠萝50克，葱末、料酒、老抽、白糖、盐、植物油各适量。

做法

1.牛肉切片，用料酒、老抽、白糖腌30分钟；菠萝切成小丁。

2.起油锅，牛肉爆炒后，下入菠萝，然后加一点盐和老抽，焖煮一会儿待肉汤收干，加入葱末即可。

丝瓜炒鸡蛋

原料：丝瓜300克，鸡蛋2个，葱末、精盐、植物油各适量。

做法

1.将丝瓜去皮洗净，切成厚片；鸡蛋磕入碗中，加入精盐少许打散搅匀。

2.炒锅置旺火上，加入植物油约20克，烧至五成热时放入鸡蛋炒熟出锅。

3.炒锅另加入油约20克，烧热后放入葱末炝锅，再放入丝瓜略炒几下，放入少许精盐、熟鸡蛋翻匀即可。

火腿菜花

原料：菜花200克，火腿50克，肉汤100克，花生油、精盐各适量。

做法

1.菜花洗净，掰成小块，倒入开水中焯一下；火腿切成薄片。

2.锅置火上，放油，油热后倒入菜花煸炒。

3.加火腿片煸炒，炒熟后加精盐、肉汤即可。

酸甜鱼块

原料： 草鱼300克，鸡蛋1个，葱段、番茄酱、白糖、醋、精盐、料酒、淀粉、植物油各适量。

做法

1.草鱼洗净，剁块，用精盐、料酒腌渍片刻；鸡蛋打散与淀粉搅拌，裹在鱼块上。

2.油锅烧热，下鱼块炸至金黄色捞出；余油爆香葱段，加白糖、醋、番茄酱、精盐、水煮成汁，浇在鱼块上即可。

油菜炒牛肉

原料： 油菜200克，瘦牛肉50克，料酒、白糖、酱油、淀粉、精盐各适量。

做法

1.将瘦牛肉切成薄片，用酱油、料酒、淀粉泡好；油菜洗净，分开叶、梗，切段。

2.炒锅上火，倒油烧热，加精盐，先炒油菜梗，再炒菜叶，待五成熟时起锅待用。

3.油锅再热后，将泡好的牛肉片倒入，急炒几下，然后将炒过的油菜放入，并加入剩余的酱油、精盐、白糖，炒熟即可。

煎红薯

原料： 红薯250克，黄油20克，熟芝麻10克，蜂蜜少许。

做法

1.将红薯洗净去皮，放开水中煮软捞出，控去水分，切成圆片备用。

2.在平底锅内放入黄油，溶化后，下入切好的红薯片，煎至两面发黄为止，盛出后放入小盘内，浇上蜂蜜，撒上熟芝麻即可。

滑炒鸭丝

原料：鸭脯肉150克，笋片15克，蛋清、水淀粉、精盐、葱姜丝、植物油各适量。

做法

1.鸭脯肉切成丝；笋片切成丝。

2.鸭丝放入碗内，加入精盐、蛋清、水淀粉抓匀。

3.锅置火上，放油烧至六成热，将鸭丝下锅，滑透后立即捞出。

4.锅置火上，锅中加少许油，倒入鸭丝、笋片，烹入少许水，翻炒几下出锅即可。

赤豆蒸鲤鱼

原料：鲤鱼1条，赤豆50克，姜片、葱、白糖、精盐、香油、清水、猪油各适量。

做法

1.将鲤鱼去鳞、鳃、内脏，洗净；赤豆去杂洗净，用冷水浸泡几小时，捞出沥水。

2.将赤豆放入鱼腹中，再将鱼放入蒸碗内，加适量姜片、葱、精盐、白糖、猪油，注入清水上笼蒸，蒸约1个小时。

3.待鱼熟后出笼，淋上香油即可。

清炒多彩丁

原料：鲜虾丁、鲜豌豆丁、香菇丁、芹菜丁、胡萝卜丁、水淀粉、生鸡蛋清、葱花、姜末、精盐、植物油、高汤各适量。

做法

1.将洗净的鲜虾丁用鸡蛋清、水淀粉抓匀，炒熟备用。

2.香菇丁、鲜豌豆丁、芹菜丁、胡萝卜丁焯熟备用。

3.炒锅烧热，放入植物油，油热炒香葱花、姜末，加入各种丁。

4.放入少许高汤，加盖焖3~4分钟，再加入少许精盐（约0.2~0.5克），翻炒匀，起锅，入盘。

蛤蜊蛋汤

原料：蛤蜊800克，水发黑木耳15克，笋片25克，鸡蛋1个，料酒、盐各适量。

做法

1.锅置火上，放入清水烧沸，投入洗净的蛤蜊烧至张开嘴捞出，取出蛤蜊肉，去内脏洗净，锅中水沥出清汤备用；水发木耳择洗干净，撕成小片；鸡蛋磕入碗中，搅拌成蛋液。

2.锅置火上，倒入煮蛤蜊的汤，加入笋片、木耳片、盐和料酒烧至沸，放入蛤蜊肉和鸡蛋液烧熟，起锅装入碗内即可。

丝瓜火腿片汤

原料： 虾仁100克，火腿50克，丝瓜200克，植物油、料酒、姜丝、葱末、精盐各适量。

做法

1. 虾仁去除纱线，洗净，加入料酒、精盐拌匀，腌渍10分钟；丝瓜去皮，洗净，切片；火腿切片。

2. 锅中倒油烧热后，下姜丝、葱末爆香，再倒入虾仁翻炒片刻，加适量清水转中火煮汤。

3. 待汤沸时放入丝瓜片和火腿片，转小火再煮至虾仁、丝瓜熟后，加精盐调味即可。

虾仁丸子汤

原料： 猪肉泥200克，虾仁5克，鸡蛋1个，香菇片、胡萝卜片、竹笋片、青豆、精盐、白糖、香油、料酒、淀粉、鸡汤各适量。

做法

1. 虾仁洗净剁泥，和猪肉泥一起加鸡蛋液、淀粉、精盐、料酒、白糖搅匀，挤成小丸子；香菇片、胡萝卜片、竹笋片、青豆分别焯烫备用。

2. 锅中加鸡汤煮沸，放丸子、胡萝卜片、竹笋片、香菇片、青豆，煮熟，加精盐、香油调味。

2.5~3岁 宝宝喂养方案

 身体发育及营养需求

 宝宝身体发育指标

项目／性别	男宝宝	女宝宝
身高	93.0~96.8厘米，平均94.9厘米	91.0~95.9厘米，平均93.5厘米
体重	13.4~14.4千克，平均13.9千克	12.8~14.0千克，平均13.4千克
头围	48.9~49.4厘米，平均49.1厘米	47.2~48.4厘米，平均47.8厘米
胸围	49.8~50.9厘米，平均50.3厘米	49.3~50.4厘米，平均49.8厘米
牙齿	大多数宝宝已经长出18~20颗牙齿	大多数宝宝已经长出18~20颗牙齿

宝宝身体发育特点

2.5~3岁年龄阶段的宝宝，体格生长处于较慢的衡速生长期，但心理成长发育的速度加快。

1 动作发育

宝宝的运动技巧有了新的发展，动作日渐成熟，会跑、攀登、钻爬，两手也更加灵活了，能玩一些带有技巧性的玩具。

在这个阶段，宝宝的独立愿望很强，并具有一定的自我服务能力和从事一些简单劳动的能力，如可以自己吃饭、穿衣、洗脸、洗手、扫地、擦桌子及帮助家人取送东西、拔草、浇花等。

2 语言发育

这段时间仍然是幼儿口语发育的关键期，宝宝说话和听话的积极性都很高，语言水平也进步很快，掌握了基本的语法结构，词汇量和句型也在迅速扩展，爱听故事、儿歌、诗歌等。

3 注意力和记忆力发育

宝宝的注意力和记忆能力也较以前有所提高，能较长时间地注意看电视、看电影、做游戏或听故事等，并能记住一些简单的情节片断，感知思维能力也逐步活跃。

4 心理发育

这个时期的宝宝个性逐渐显露，在自我意识发展的基础上，宝宝的自我评价及道德品质开始有了初步的发展，能够判断"好"与"不好"、"对"与"不对"，并能用语言来控制和调节自己的行为。由于语言和动作发展日趋成熟，认识范围不断扩大，好奇心和求知欲不断增强，因此，宝宝很希望与人交往，愿意与小朋友一起玩。

这个年龄段的宝宝由于智力的发展，兴趣爱好变得很广泛，所以他们对吃不会太感兴趣，宝宝常常会边吃边玩，甚至会出现厌食的现象。

2.5~3岁宝宝营养需求

2.5~3岁的宝宝仍处于快速生长期，再加上活动量大，因而，他每天都需要摄入1200~1500千卡的热能与大量的营养素。因而，这一时期，宝宝每天需要补充主食150~180克，蛋白质40%~50%，脂肪30~50克、牛奶400毫升、新鲜蔬菜200~250克以及水果150~200克。而此时宝宝的消化机能不是很健全，所以，妈妈们为宝宝安排每日三餐，既要考虑到宝宝生长发育的需要，又要照顾到宝宝的进食特点。

为了满足2.5~3岁宝宝的营养需求，妈妈们要保证宝宝的食谱中有五谷杂粮，肉、蛋、蔬菜、水果的优质量足。除了三餐的饮食外，还要在空闲的时间里给宝宝补充一两次的小点心，每天为宝宝准备的饮食最好的安排则是三餐二点或是三餐一点，而且还要在三餐中合理的搭配膳食热量。

喂养禁忌：避免吃过多酸性食物

宝宝吃过多的鸡、鸭、鱼、蛋、肉、蟹、虾等高营养、高脂肪、高动物蛋白的食物，容易造成宝宝消化不良，增加宝宝的肠胃负担。而这些大鱼大肉几乎都是酸性食物，进食过多，血液就会呈酸性，导致身体抵抗力下降。同时摄入过多能量高且营养丰富的食物，会导致宝宝体内积热，引发出各

种感染性疾病。健康人体的血液必须保持弱碱性状态，进食过多酸性物质容易导致身体抵抗力下降，引发各种传染性疾病，所以父母在饮食上一定要为宝宝搭配碱性食物，如海带、莴苣、芹菜、香菇、胡萝卜、白萝卜等。

宝宝饮食的要点

宝宝已经学会了很多的本领，可以成为父母的好帮手了，但这时的宝宝也在心理上进入了"反抗期"，会对爸爸妈妈的一些指令装做不懂，包括故意不好好吃饭，此时的爸爸妈妈需要更多的耐心。

好妈妈须知

妈妈不能经常给宝宝吃方便面，因为方便面虽以面粉为主，但经过高温油炸，其中的蛋白质、维生素、矿物质均严重不足，营养价值较低，还存在着脂肪氧化问题，经常食用对宝宝的健康不利，长此以往会引起宝宝营养不良。

营养小窍门

异食癖多发于幼儿时期，主要指孩子专爱摄取食物以外的某种东西吃，如偷偷吃纸屑、墙皮、煤渣、泥土等物，并常伴有厌食乏力、面黄及营养不良等症状。

异食癖病因尚不是十分清楚，目前认为与缺乏某种营养素特别是锌，或因肠道寄生虫而导致营养成分不平衡有关。发现孩子有以上情况时，要及时到医院检查孩子的血液和头发，并带新鲜大便到医院查找虫卵，以便服药驱虫。如果发现孩子有贫血、缺锌等现象，要给孩子进行积极治疗。

为预防异食癖的发生，父母要教育孩子讲卫生、不吃脏东西、饭前便后要洗手，培养孩子不挑食、不偏食的饮食习惯，避免营养素的缺乏。

贴心提示

钙元素虽然存在于许多食物中，但总量还是较少，并且，当与某些不易吸收的物质结合在一起时，更是难以被人体所吸收。中国人的传统膳食多为植物性食品，缺乏含钙高的食物，因此钙的摄入往往会不足。

补钙的途径和方法很多，对于婴幼儿来说，养成良好的饮食习惯，从膳食中摄取钙是最好的方法。天然食品中，含钙高、吸收较好的食品除了母乳，就是牛奶了。一个婴幼儿一天只要喝约500毫升牛奶（相当于市售牛奶2瓶）就摄入了500毫克的钙，加上其他食物中的钙，基本可以满足生理需要。

除了进食含钙高的食物，还要注意让孩子多做户外运动，多晒太阳，加强宝宝体内维生素D的合成，促进钙的吸收。

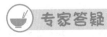

宝宝为什么会磨牙？

磨牙是由于多种原因引起的。父母首先要找出原因，再来进行针对性的处理。

（1）宝宝白天过于紧张或入睡前兴奋过度，致使入睡后神经系统仍处于兴奋状态，颌骨肌群紧张性增高而引起磨牙。

（2）由肠道寄生虫引起的，最常见的是蛔虫病和蛲虫病。虫体寄生于肠道，释放毒素，引起宝宝腹痛、烦躁、磨牙、肛门瘙痒等症状。

（3）部分佝偻病患儿由于体内钙质缺乏，神经系统的兴奋性相对增高，也会引起夜间磨牙、夜惊、夜啼、多汗、烦躁等症状。

（4）晚餐过饱或临睡前加餐，致使消化系统负担过重，宝宝入睡之后肠道仍在不停地工作，咀嚼肌也会随之一起运动而导致磨牙。

一日食谱推荐

上午	8：00	菜肉包子80克，牛奶麦片粥200克
	12：00	鱼肉饺子120克，番茄蛋汤50毫升
下午	15：00	新鲜水果80克，面包50克，豆奶200毫升
	18：30	南瓜饭100克，小米粥40克
晚上	20：00	牛奶250毫升
每天给宝宝喂1次适量鱼肝油，并保证饮用适量白开水		

2.5～3岁 宝宝营养食谱

猪肝豌豆饭

原料： 大米3汤匙，猪肝50克，豌豆2汤匙，精盐少许。

做法

1.豌豆放入滚水中煲5分钟，熟后滤去水分，豌豆放在碗中，用汤匙搓烂，去其豆皮不要，豆蓉备用。

2.猪肝洗净，抹干水，切小粒再剁细，加入调料搅匀；大米洗净，加入浸过米面的清水浸1小时。

3.水适量，放入小煲内煲滚，放下大米及浸米的水煲滚，小火煲成浓糊状的烂饭，放入荷兰豆蓉、猪肝及少许精盐搅匀，煮至猪肝熟透即可。

蜜汁南瓜泥

原料： 南瓜100克，蜂蜜1小勺。

做法

1.南瓜洗净，去皮，去瓤，去子，切成片。

2.将切好的南瓜片放入蒸锅中蒸至熟软。

3.然后用勺子把蒸熟的南瓜片压成泥。

4.用手轻轻将南瓜泥攒成一个大球，再攒几个小球放在四周。

5.食用前淋上蜂蜜即可。

枣花卷

原料： 面粉300克，红枣200克，发酵粉、食用碱、植物油各适量。

做法

1. 面粉、发酵粉、食用碱加水和成面团，发酵好后揉透搓成长条，揪成剂子，擀成长片，刷一层油。
2. 在面片两头分别放两颗枣，卷起，入锅蒸熟即可。

花样炒饭

原料： 米饭200克，鸡蛋1个，油菜末、胡萝卜丁、香菇丁、黄瓜丁、精盐、葱末、植物油各适量。

做法

1. 鸡蛋打散，摊成鸡蛋饼，切丁。
2. 锅置火上，加油烧热，炝香葱末，再下油菜末、胡萝卜丁、黄瓜丁、香菇丁、鸡蛋丁和米饭翻炒。
3. 炒熟后加精盐调味即可。

番茄汁烩肉饭

原料： 白米饭100克，番茄20克，洋葱20克，胡萝卜10克，鸡肉20克，植物油、精盐各适量。

做法

1. 鸡肉绞成肉末；番茄去皮，切碎；洋葱切碎；胡萝卜切成细丝。
2. 植物油倒入锅中加热，按鸡肉、洋葱、番茄、胡萝卜的顺序放入锅内翻炒，再加入白饭一起翻炒。
3. 加入精盐调味即可。

肉丝香干炒蒜苗

原料：猪肉50克，蒜苗200克，香干豆腐50克，姜丝、酱油、精盐、植物油各少许。

做法

1. 将猪肉洗净，切成丝；蒜苗择洗好，切成3厘米长的段；豆腐干切成丝。

2. 锅置火上，放油烧热，下蒜苗翻炒，再放入姜丝、肉丝、酱油同炒，炒熟盛出。

3. 锅内油烧热，放入豆腐丝炒几下，再将已炒好的肉丝、蒜苗、精盐放入，炒熟即可。

肉丝炒粉皮

原料：猪瘦肉150克，粉皮2张，葱、蒜、姜、料酒、酱油、香油、植物油、精盐各少许。

做法

1. 先把猪肉洗净片成大片，再切成细丝；鲜粉皮用水洗净泡软后切成粗丝；葱、姜切成细丝；蒜拍碎成泥。

2. 炒锅置火上，加水烧开，放入粉皮煮沸，待粉皮呈透明状时捞出。

3. 炒锅置火上，加入植物油烧热，放入肉丝推炒，依次放入葱、蒜、姜、酱油、料酒、精盐翻炒，待肉丝熟透后加入粉皮和水煮5分钟，淋入香油即可。

鲢鱼丸子

原料：鲢鱼肉250克，火腿末5克，火腿片10克，水发香菇1朵，料酒、精盐、葱、鸡油、猪油各适量。

做法

1. 鲢鱼洗净斩成肉泥，加水和少量精盐，放入碗中，搅拌，直到有黏性时，再加水少许拌匀，然后加入葱、火腿末、料酒、猪油，拌匀成蓉，用手挤成小丸子，入汤锅中煮沸，熟时捞出。

2. 将锅中原汤加入精盐、鸡油烧沸，盛入大汤碗中，放入鱼丸，将火腿片放在鱼丸上面成三角形，香菇用锅中汤焯熟，放在火腿片中间即可。

肉丝炒胡萝卜

原料： 瘦猪肉50克，胡萝卜1根，葱、姜末、酱油、精盐、醋、料酒、香油、水淀粉各适量。

做法

1. 将瘦猪肉剔去筋，洗净，切成丝，放入盆内，加入水淀粉和少许精盐上浆，用热锅温滑开捞出。

2. 胡萝卜洗净，切成丝。

3. 将炒菜油放入锅内，热后下入葱姜末炝锅，加入胡萝卜丝煸炒断生，加入肉丝搅拌均匀，再加入酱油、精盐、醋、料酒，炒熟后加入香油，搅匀出锅即可。

叉烧肉炒鸡蛋

原料： 鸡蛋2个，叉烧肉50克，葱适量，精盐、植物油各少许。

做法

1. 将叉烧肉切成黄豆粒大小的丁；葱切成葱花；鸡蛋磕入碗内，加入精盐搅匀。

2. 将锅烧热，加入少许油，随即下入叉烧肉略爆炒一下，然后将叉烧肉、葱花倒入鸡蛋液拌匀。

3. 锅中倒油，烧热后将鸡蛋液、叉烧肉丁一起倒入锅内，用小火炒，炒至两面呈金黄色时出锅即可。

胡萝卜香橙沙拉

原料： 胡萝卜1根，橙子2个，洋葱末、葱末、白糖各适量。

做法

1. 胡萝卜洗净切丝；橙子洗净后一个榨汁备用，另一个取橙肉和表皮之间一层皮肉切成细丝。

2. 将锅置于火上，倒入橙汁煮沸，加入白糖，再放入一半胡萝卜丝。煮沸后，捞出胡萝卜丝控干。

3. 把生、熟胡萝卜丝与橙皮肉拌匀，再加入洋葱末和葱末搅拌一下即可。

香菇炒豌豆

原料： 豌豆粒300克，干香菇8朵，水淀粉15毫升，精盐少许，葱花、植物油各适量。

做法 · · · · · · · · · · · · · · · · · ·

1. 干香菇洗净，用温水泡发后，切成比豌豆粒稍微大点的丁，泡香菇的水待用。

2. 炒锅置于火上，倒入适量油，用中火加热至七成热后，放入葱花炒香。

3. 倒入香菇丁和豌豆粒翻炒均匀，倒入适量泡香菇的水，盖上锅盖焖烧5分钟。

4. 加入精盐，倒入水淀粉，翻炒均匀即可出锅。

蜇头木耳

原料： 水发蜇头250克，水发木耳50克，青蒜20克，酱油、醋、香油各适量。

做法 · · · · · · · · · · · · · · · · · ·

1. 海蜇头洗净泥沙，切成5厘米长的丝，下开水中氽一下，捞出。

2. 木耳切成丝入开水中烫一下，在凉开水中过凉、捞出；青蒜去杂洗净，切成小条。

3. 将上述材料掺在一起，浇上酱油、醋、香油，拌匀即可。

 清炒魔芋丝

原料：魔芋1袋，火腿10克，葱段、姜丝、糖、精盐、水淀粉、植物油各适量。

做法

1.将包装中的魔芋取出洗净，切丝；火腿切丝。

2.锅内倒油烧热，放入姜丝、葱段、火腿炒香。

3.然后加入魔芋丝、精盐、糖炒至入味，用水淀粉勾芡即可。

糖醋肉条

原料：猪里脊肉250克，葱、精盐、清汤、酱油、水淀粉、干淀粉、植物油、醋、糖各适量。

做法

1.将猪里脊肉拍松切成条，用精盐略腌一下，再加少许水淀粉拌匀，蘸上干淀粉，放入热油锅中炸至金黄，捞出沥干油。

2.将葱切成小段，用热油炒几下，随即加入精盐、糖、清汤、醋、酱油和炸过的肉条，翻炒均匀，最后用水淀粉勾芡即可。

 韭菜炒蛋

原料：韭菜200克，鸡蛋2个，精盐、植物油各少许。

做法

1.韭菜择洗干净，切成1.5米长的段；鸡蛋磕入盆内打散备用。

2.锅内倒油烧热，倒入蛋液，炒熟后投入韭菜快速煸炒，同时加入精盐，翻炒均匀即可。

 蚂蚁上树

原料：粉丝150克，牛肉100克，葱末25克，料酒10克，酱油、精盐、植物油各少许。

做法

1.将粉丝用开水略烫1分钟；牛肉剁成碎末。

2.炒锅内放少许油，放入牛肉煸炒至酥，再加入料酒、酱油、精盐、粉丝和适量水，用中火烧至汁少时，加入葱末搅匀，起锅装盘即可。

芹菜金针菇

原料：金针菇、香菇、芹菜各50克，胡萝卜半个，姜丝、精盐、糖、醋、植物油各适量。

做法

1.金针菇切碎；香菇切条；芹菜切细条；胡萝卜切细丝。

2.锅置火上，放油烧热，先下姜丝爆炒，再放入胡萝卜丝、香菇条、芹菜条炒熟。

3.最后放入金针菇，加少许香醋、糖、精盐翻炒片刻即可。

五彩黄鱼羹

原料：小黄鱼、西芹、胡萝卜、炒松子仁、鲜香菇、植物油、葱姜末、精盐、料酒、水淀粉、香油各适量。

做法

1.小黄鱼洗净去骨切成丁状。

2.西芹、胡萝卜、香菇切丝。

3.锅烧入油，放入葱姜末煸炒出香味后，倒入沸水，放入西芹、胡萝卜、香菇、炒松子仁和小黄鱼肉，煮至鱼熟。

4.加精盐、料酒调味，用水淀粉勾芡，淋上少许香油即可。

🥣 鲜蘑炒腐竹

原料： 水发腐竹150克，鲜蘑菇100克，黄瓜50克，熟花生油、精盐各适量。

做法

1.将腐竹洗净，切成小段；鲜蘑菇去杂洗净，切成小片；黄瓜洗净，切成片，分别下沸水锅中焯透，捞出，沥干水。

2.将上述材料装盘后，淋上炸好的花生油，加精盐拌匀即可。

🥣 荠菜淡菜汤

原料： 荠菜250克，淡菜150克，清汤、精盐、花生油各少许。

做法

1.荠菜去杂，洗净，沥干水，切段；淡菜洗净，放开水碗内泡发洗净切成小块。

2.锅内放花生油烧热，下入荠菜煸炒，加精盐、清汤、淡菜，烧至入味，出锅装碗即可。

🥣 木耳清蒸鲫鱼

原料： 黑木耳100克，鲫鱼300克，料酒、精盐、白糖、姜片、葱段、植物油各适量。

做法

1.鲫鱼洗净；黑木耳泡发，去杂质，洗净，撕成小碎片。

2.将鲫鱼放入大盘中，加入姜片、葱段、料酒、白糖、植物油、精盐腌渍半小时。

3.鲫鱼上放木耳碎片，上蒸锅大火蒸20分钟至熟即可。

鸽蛋益智汤

原料: 鸽蛋10个,枸杞子10克,龙眼肉10克,葱片、姜片、青菜末、精盐各适量。

做法

1.将枸杞子、龙眼肉用温水洗净,放入锅中加清汤煮10分钟,加精盐、葱片、姜片备用。

2.鸽蛋用小锅加清水煮熟,剥去壳,放入清汤,撒上青菜末,加火烧沸,出锅即可。

土豆烧牛肉

原料: 瘦牛肉150克,土豆100克,精盐、葱、姜末各少许。

做法

1.将牛肉洗净,切成小方块;土豆洗净,削去皮,切成滚刀块。

2.锅置火上,下入牛肉煸炒。

3.加入葱、姜末,并加入水浸过肉块,盖上锅盖,用文火炖至肉快烂时,加入精盐、土豆再炖,炖至肉、土豆酥烂而入味时即可。

萝卜鱼丸汤

原料: 青萝卜、胡萝卜各50克,鱼丸子20克,芹菜1根,精盐、香油各少许。

做法

1.青萝卜、胡萝卜去皮,洗净,切成小块;芹菜洗净,切成碎末。

2.锅内加水煮开后,放入胡萝卜块和青萝卜块煮透,然后放入鱼丸子煮熟,撒上芹菜末和精盐,略煮1分钟,滴入香油即可。

紫菜猪肉汤

原料：猪瘦肉150克，紫菜25克，葱花、姜、料酒、肉汤、精盐、植物油各适量。

做法

1.将紫菜用清水泡发后去杂；将猪肉洗净，下沸水锅氽烫，捞出洗去血水切丝。

2.烧热油锅放入肉丝煸炒，放入料酒，炒至水干，注入肉汤，加入葱花、姜、精盐，煮至肉熟。

3.加入紫菜烧沸，出锅装入汤碗即可。

 糖醋萝卜

原料：小萝卜200克，白糖、醋、香油各适量。

做法

1.将小萝卜去杂洗净，沥去水分，切成细丝，待用。

2.将萝卜丝放入盘内，加入白糖、醋、香油，拌匀即可。

营养专题：
选择健康的零食

 ## 该不该给宝宝吃零食

儿童非常好动，整天手脚不停地活动着，消耗大量热能。因此，每天在正餐之外恰当补充一些零食，能更好地满足新陈代谢的需求。研究表明，儿童恰当吃一些零食会营养更平衡，是摄取多种营养的一条重要途径。所以，宝宝爱吃零食并不一定就是坏习惯，关键是要把握一个科学尺度。

首先，宝宝吃零食时间要恰当，最好安排在两餐之间，不要在餐前半小时至1小时吃零食。

其次，吃零食的量要适度，不能影响正餐的食量。

另外，要选择清淡、易消化、有营养、不损害牙齿的小食品，如新鲜水果、果干、坚果、牛奶、纯果汁、奶制品等，不要吃太甜、太油腻的零食。

如何控制宝宝的零食量

不能将零食作为奖励

不要将零食作为奖励、惩罚、安慰或讨好宝宝的手段，长期下去，宝宝会形成一种错觉，以为奖励的东西都是好东西，无形之中在心理上产生了一种认知感，这些食物是好吃的，并且喜欢吃。有的妈妈对宝宝的要求百依百顺，如宝宝觉得零食好吃，便允许他没完没了地吃，一味地迁就。这不是宝宝的问题，而是妈妈本身的问题。其实，妈妈稍微用点心思，宝宝就不会为了要吃零食而闹腾了。比如，在给宝宝拿零食时，最好不要让他看见装满零食的盒子。因为，宝宝一旦看见盒子里还有，吃完马上还会再要，这么大的宝宝他是不会克制自己的愿望的。妈妈可事先把要给宝宝吃的零食拿出一点，放在一个器皿里，宝宝以为就这么多，吃完了自然也就罢休了。

合理安排吃零食的时间和量

吃零食不要距离正餐太远，应该在两餐中间吃，不可离正餐时间太近，以免影响食欲。也不要在临睡时吃，以免增加消化系统的负担，影响睡眠，晚上睡前一个小时喝不加糖的牛奶以利于睡眠和补充钙质。每天吃零食的次数应尽量控制在3次内，量不宜过多，这样才不会影响正餐。大量吃零食，就会占去主食的位  置，长期下去，容易引起营养不良，另外可以准备一些水果，让宝宝正餐时吃饱些。

适当减量

如果宝宝已经喜欢上了零食，妈妈可以与宝宝协商，每日或每周可以吃零食的量为多少，最好是妈妈和宝宝都可以接受的范围，订一个双方都同意的标准，可以减少宝宝吃零食的机率。此外，妈妈还可以用点小心机，逐次减少每次约定的分量。

零食安全等级的划分

我们所说的零食是非正餐时间食用的各种少量的食物和饮料（不包括水）。我们可以把宝宝吃的零食划分为四个推荐级，分为"可经常食用"、"适当食用"、"限量食用"、"禁止食用"。

"可经常食用"的零食

这些零食营养素含量丰富，同时多为含有或添加低油、低盐、低糖的食品和饮料。这些食物既可提供一定的能量、膳食纤维、钙、铁、锌、维生素C、维生素E、维生素A等人体必需的营养素，又可避免摄取过量的油、糖和盐，这些零食属于有益于健康的零食。

"适当食用"的零食

这些零食营养素含量相对丰富，但是却含有或添加中等量油、糖、盐等的食品和饮料。

"限量食用"的零食

从营养学角度，这些零食含有或添加较多量油、糖、盐的食品和饮料，提供能量较多，但几乎不含其他营养素。经常食用这样的零食会增加患超重、肥胖、高血压以及其他慢性病的风险。但此处的"限量"，并非禁止。

"禁止食用"的零食

这些零食含有酒精、碳酸、咖啡等成人食用的食品，对宝宝健康有很多不良的影响，因此，应禁止宝宝食用这类零食。

哪些零食会损害宝宝智力

第一种：反式脂肪

反式脂肪又名反式脂肪酸，一般由植物油"氢化"技术处理后产生，与一般植物油相比，人造反式脂肪具有耐高温、不易变质、存放更久等优点。一些能使面点酥松的油脂、人造黄油和用于油炸的食用油均可能含有人造反式脂肪。宝宝吃了这类零食吸收了人造反式脂肪酸，从而影响他们的生长发育，还会造成幼儿大脑脂质缺乏，影响他们的智力发育。

所以对以下食物家长们要特别注意：首先是人造油脂，如人造黄油（植物奶油）；其次是油炸食品，如方便面、薯片、薯条等。一些含油脂的加工食品，如方便汤、快餐、冷冻食品（如汤圆）、烘焙食物（如饼干、曲奇和面包等）、各种即冲型糊粉状食品（如粉状麦片、椰子粉、芝麻糊粉等）、各种奶油糖、花生酱、巧克力酱中，都可能有反式脂肪酸。

第二种：膨化食品

近年来，膨化小食品因其具有酥、脆、香、甜等特点，颇受儿童们的喜爱。不过，国内外医学专家认为，膨化食品不是真正的安全或健康食品，如果孩子长期食用这类食品，对他们的大脑和体质发育都是有害无益的。

膨化食品中含有较多铅或铝，家长不应常让孩子吃这些食品。膨化食品含铅、铝比较高的原因有：一是加工这类食品往往要加入膨松剂之类的添加剂，有的膨松剂（如明矾和碳酸氢钠）就含有较多的铅或铝等重金属；二是食品在加工过程中是通过金属管道的，金属管道里面通常会有铅和锡的合金，在高温的情况下，这些铅容易气化，气化后的铅就会污染这些膨化的食品。

铝元素摄入过多主要会损害大脑功能。比如：会干扰人的思维、意识与记忆功能，引起神经系统病变，表现为记忆减退、视觉与运动协调失灵、脑损伤、智力下降，严重者可能痴呆。

第三种：人工色素

在儿童智力发育阶段，需要大量的优质蛋白质和类脂等营养元素，人工合成色素不能提供这些营养。同时，人工合成色素自身或其代谢产物具有毒性，而且，其在保存过程中还可能混进砷、铅或其他有毒的中间产物，这些都会影响儿童的智力发育和神经行为。

此外，摄入过量合成色素还可引起过敏症，如哮喘、喉头水肿、鼻炎、荨麻疹、皮肤瘙痒以及神经性头痛等；某些人工合成的色素作用到人的神经，会影响神经冲动的传导，从而导致一系列的症状。

 # 适合1~3岁宝宝的健康零食

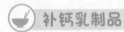 ## 补钙乳制品

酸奶、奶酪。最佳的宝贝零食，富含钙、磷、镁、铜等矿物质、蛋白质、脂肪和维生素B_1、维生素B_2，蛋白质经有益菌发酵更利于吸收，乳酸杆菌等健康菌群还能帮助调理宝贝的肠道，应为首选。

配方奶。可以作为2岁以内的宝贝午觉之后的加餐，营养和水分的补充同时完成，但是量不宜太多，以免影响正餐食量。

新鲜水果和蔬菜

切成小块或小片的新鲜成熟胡萝卜、黄瓜、苹果、哈密瓜、草莓、西瓜等，富含糖分、维生素C、膳食纤维，在补充营养的同时，还可锻炼宝贝自己拿东西吃的技能，以及对蔬菜水果的兴趣，一举多得。但是，千万要洗净宝宝的小手才能抓着吃。

自制果蔬沙拉。用番茄沙司或酸奶代替沙拉酱更加健康，也可以把什锦水果碎丁加入酸奶中，让酸奶的味道和营养都锦上添花。

　　黄瓜等味道淡的果蔬，蘸食番茄沙司、芝麻酱等食用，更易被宝贝接受。

麦香小面包

　　2岁以内的宝宝，宜选用松软的切片吐司面包或奶香小餐包，切成手指大小的条状以便宝贝咀嚼；2岁以上的宝宝，可以选用杂粮面包或者全麦面包，以帮助他们摄入更多的膳食纤维和B族维生素。

健康小饮品

　　豆浆、自制果蔬鲜榨汁、南瓜百合羹、牛奶玉米汁（需要煮熟过滤）、绿豆沙、菊花水、山楂水等，都是优于瓶装饮料的健康饮品。

自制宝宝零食精选推荐

爱心三明治

　　小片面包，可以随意搭配花生酱、芝麻酱、番茄沙司、果酱、宝贝蜂蜜、果蔬片、小奶酪、煎蛋等，用保鲜膜包好，以便宝贝拿着吃。

自制夹心饼干

　　用2小片全麦硬质饼干或无糖苏打饼干、非烘烤蛋卷、自制馒头干等作胚，按照上述三明治的做法"炮制"夹心料即可。自制夹心料基本不含各种添加剂及有害健康的氢化植物油，无论从色、味、营养方面都优于市售产品。

营养小饼

无论红薯、土豆、玉米、芋头还是山药（都需先蒸熟），甚至是米饭，都可以作为制作小饼的原材料，少量加些面粉、调料、生鸡蛋调匀，还可以加入肉泥、虾蓉、碎菜等，用少许植物油将两面煎至金黄即可，无论直接食用还是蘸酱吃，都是宝贝的最爱。

杂粮集锦

蒸或烤后去皮的红薯、土豆、南瓜、芋头、玉米、自制爆米花等固体食物，以及杂粮粥、绿豆沙、营养谷物圈圈、营养麦片、燕麦牛奶羹等汤羹类。

糕糕团团

自制的小豆沙包、小窝头、紫米糕、枣发糕、果料发糕、什锦饭团（豆沙、枣泥、水果、蔬菜、鸡蛋、红薯、奶酪、虾米等都可以做成饭团的馅料），都可以有效补充宝贝的体力消耗。

香甜布丁

自制的蛋奶布丁、水果布丁等，含糖少且富含蛋白质，比糕点店中卖的更健康，同时，不会像果冻那样存在误吸入气管的危险。

选购零食的窍门

总的原则

1.不贪便宜购买"三无"产品。

2.不买地摊小吃。

3.要选择大型正规厂家生产的品牌产品。

奶品类

1.注意商品成分标识，最好选原味的酸奶和纯牛奶，少喝钙奶、果奶之类的乳饮料。乳酸菌类饮料适合肠胃不太好的孩子。

2.不要吃加巧克力浆的奶制品。因为牛奶中的钙与巧克力中的草酸结合之后，会形成草酸钙。草酸钙不溶于水。如果长期食用这类奶制品，容易使宝宝的头发干燥而没有光泽，还会经常腹泻，并出现缺钙和发育缓慢的现象。

3.加大量糖的奶制品尽量不要给宝宝吃。因为过多的糖在宝宝体内发酵，会过分刺激胃肠蠕动，可能引起腹泻。此外，肥胖、龋齿、食欲不振也与食糖过多有关。

4.鲜奶中的维生素B族受到阳光照射会很快被破坏。因此，存放牛奶最好选用有色或不透光的容器，并存放于阴凉处。

5.牛奶最好不要冰冻，因为冰冻后奶中的蛋白质、脂肪和乳糖等营养物质会发生变化，出现明显不均匀的分层现象。冰冻的牛奶解冻后可能出现凝固状沉淀物、上浮脂肪团，并出现异常气味等，其营养价值也随之下降。

6.酸奶不要加热后给孩子喝。酸奶中的活性、乳性乳酸菌经加热或开水稀释，会大量死亡，不仅特有的味道消失，营养价值也会损失殆尽。也不要空腹喝酸奶。空腹喝酸奶，乳酸菌易被杀死，保健作用就会减弱。最好在饭后2小时左右喝酸奶。

水果类

水果含有较多的糖类、无机盐、维生素和有机酸。经常吃水果能促进食欲，帮助消化，对孩子的生长发育有益。

1.最好是每天饭后吃适量水果。最好选既熟又没有腐败变质的水果。因为不熟的水果含琥珀酸，能强烈刺激胃肠道，影响孩子的消化功能。变质的水果能引起胃肠道炎症。

2.最好不要用果汁饮料代替天然水果。

3.个头特大，或者是反季节的水果少买。因为它们多是用激素催熟的，容易导致孩子性早熟。辨认特征是形状特大且异常，外观色泽光鲜，果肉味平淡。比如早期上市长得特大的草莓、外表有方棱的大猕猴桃，大都是打了膨大剂；果梗是红色的荔枝、瓜瓤鲜红却瓜子不熟、味不甜的西瓜等，多是施用了催熟剂；一些特大的无籽大葡萄多是因为喷了雌激素的结果。

4.水果虽含有丰富的营养，食用也要适量，否则可能引起胃发炎及消化不良，年纪小的孩子更要注意。除此之外，每日食用水果的种类也不可过杂。

5.当身体不适时或是特殊体质者，有些水果需要忌食。例如：气喘、咳嗽不停等过敏体质的孩子应少吃西瓜、木瓜、香瓜，皮肤过敏的孩子应少吃芒果、木瓜、草莓等，孩子有腹泻时需要禁止喝果汁和吃水果，否则腹泻不易好转。

6.气虚、脾虚的孩子要少吃凉性水果，如西瓜、香瓜、芒果、菠萝、番茄、香蕉等，而热性体质的孩子最好不要吃热性水果，如桃子、荔枝等。一些新奇的进口水果，如葡萄柚，含有大量的维生素C，有消炎的功效，但虚弱体质的孩子不宜多吃，否则容易拉肚子、咳嗽。奇异果含有木瓜酵素，对孩子胃肠有利，可以适量吃一些。

谷类

谷类包括大米、小米、玉米、小麦、高粱、荞麦等，是膳食中热量的主要来源。用这些原料做成的点心既实在又营养。

1.为孩子选面包时，最好是全麦面包、谷粒面包与白面包等替换着吃。

2.饼干要选原味或半甜饼干。

3.干的谷类食品选择未加糖或每份少于3克糖的不同种类。

坚果类

据现代营养学家分析鉴定，500克核桃相当于2500克鸡蛋或者4500克牛奶的价值，含有大量的不饱和脂肪酸。它们对人体有重要作用，是良好的滋补品，可以治疗孩子百日咳、小便频繁、皮炎湿疹等。松子仁口味纯正，有着奇特的诱人气味，是孩子喜爱的零食。它含有大量的不饱和脂肪酸，有润肺止咳，通便之效。花生中有大量蛋白质类物质氨基酸、卵磷脂等，能够润肺和胃，增加营养。吃坚果时需注意以下事项：

1.要随时注意避免呛咳、窒息。吃这些东西时，最好有大人在旁边照看。孩子不要跑跳或逗笑，以免呛入呼吸道发生危险。

2.白果营养丰富，能止咳化痰，但它也是一种药品。白果的果仁含有白果二酚等有毒成分，能刺激胃肠黏膜，导致神经性中毒，严重的会抑制心跳呼吸中枢，造成中毒性脑炎甚至死亡。中毒症状往往在吃后1~12小时之间出现。对于孩子来讲，白果的毒性大于营养，要尽量少吃，可控制在10颗以内。

享用零食8项注意

时间：不要离正餐太近。零食最好安排在两餐之间。

选择：新鲜、易消化。多选新鲜、天然的零食，少吃油炸、含糖过多、过咸的零食。

数量：少量和适度。在食用量上零食不能超过正餐，而且吃零食的前提是当孩子感到饥饿的时候。

频率：一天不超过3次。若次数过多，即使每次吃少量零食也会积少成多。

方法：不要将零食作为奖励、惩罚、安慰或讨好孩子的手段，时间长了，宝宝会认为奖励的东西都是好的，会更加依赖。

玩耍：不要吃零食。在玩耍时，宝宝往往会在不经意间摄入过多零食，或者严重者会被零食呛到、噎到，所以吃零食时就要停下来，吃完后半个小时，再跑动玩耍。

口渴：少喝含糖饮料。白水才是最好的饮料，应鼓励宝宝多喝白水，少喝含糖饮料，养成良好的饮水习惯。

卫生：吃零食前要洗手，吃完零食应漱口，从而预防疾病和龋齿。

第 **7** 章

1~3岁：
宝宝特效功能食谱

补铁食谱

补钙食谱

补锌食谱

补维生素食谱

健脾和胃食谱

健脑益智食谱

明目健齿食谱

壮骨增高食谱

补铁食谱

铁是人体含量的必需微量元素，是血红蛋白的重要部分。铁存在于向肌肉供给氧气的红细胞中，还是许多酶和免疫系统化合物的成分。宝宝出生后体内贮存有由母体获得的铁，可供3～4个月之需。宝宝长到4～6月龄后，因体内贮存铁已用尽，同时生长迅速，血容量增加，铁需要多，此时不论是人工或母乳喂养需添加含铁食物。如果4个月后不及时添加含铁丰富的食品，宝宝就会出现营养性缺铁性贫血。一般缺铁性贫血发病高峰在婴儿4～6月龄至2岁左右，因而铁的营养在婴幼儿中很重要。对早产儿或低出生体重婴儿尤应及早注意铁的营养状况。如果宝宝缺铁，就会出现头发枯黄、面色苍白、容易疲劳、注意力不集中、发育迟缓等症状。

1 补铁的食物

含铁较多的食物有瘦肉、动物肝、海带、紫菜、虾、芝麻、黑木耳、香菇等，其次为豆类、蛋类。动物肝和瘦肉中的铁较容易被宝宝吸收。此外，还可以喝一些强化"铁"的配方奶。

2 食用的方法

（1）动物性食物一般都含有铁，植物性食物一般都含有维生素C，建议宝宝的膳食中要同时含有动、植物性食物。这样可以增加铁的吸收率，因为维生素C具有促进铁吸收的功能。

（2）含铁的动物性食物较含铁的植物性食物更容易被吸收，想给宝宝补铁，建议常给宝宝适量吃些富含铁的动物性食物。

🥣 清蒸肝糊

原料: 鲜猪肝125克,鸡蛋1个,植物油、葱、香油、精盐各适量。

做法

1.猪肝去筋膜,洗净,切小片;葱洗净,切成葱花;鸡蛋打入碗中,打散。

2.锅置火上烧热,加植物油烧热,放入葱花、猪肝片炒熟,盛出剁成细末。

3.将猪肝末放入装有鸡蛋液的碗中,加入适量清水、精盐,搅匀,上屉用大火蒸熟,出锅时滴少许香油即可。

🥣 枣泥肝羹

原料: 红枣6颗,猪肝50克,番茄半个,植物油、盐各适量。

做法

1.红枣用清水浸泡1小时后剥去外皮及内核,将枣肉剁碎。

2.番茄用开水烫过,去皮,剁成泥。

3.猪肝洗净,去掉筋皮,用搅拌机打碎。

4.将加工好的红枣、番茄、猪肝混合拌在一起,加调味料和适量水,上锅蒸熟即可。

🥣 鸡肝芝麻粥

原料: 鸡肝15克,鸡架汤15克,大米100克,酱油、熟芝麻各少许。

做法

1.将鸡肝放入水中煮,除去血污后再换水煮10分钟后捞起,放入碗内研碎。

2.将鸡架汤放入锅内,加入研碎的鸡肝,煮成糊状。

3.大米煮成粥后,将鸡肝糊加入,再放少许酱油和熟芝麻,搅匀即可。

蚕豆炖牛肉

原料：牛肉500克，蚕豆250克，姜、葱、精盐、料酒各适量。

做法

1.牛肉洗净，切块；蚕豆洗净；姜洗净，切片；葱洗净，切段。

2.锅内加水烧沸，放入牛肉块稍煮片刻，捞起备用。

3.取砂锅，放入牛肉块、蚕豆、姜片、葱段、料酒，加入清水，用中火炖至牛肉熟烂，调入精盐即可。

鸡血豆腐汤

原料：鸡血、豆腐、黑木耳、熟瘦肉、胡萝卜、鸡蛋液、葱花、酱油、盐、香油、水淀粉、鲜汤各适量。

做法

1.把豆腐和鸡血切成细条；黑木耳、熟瘦肉、胡萝卜切成细丝，下入鲜汤中烧开，略煮片刻。

2.加入适量酱油、盐，用水淀粉勾薄芡，然后淋入打好的鸡蛋液，加香油、葱花即成。

双米银耳粥

原料：鸡蛋1个，大米、小米、银耳、枸杞子、冰糖各适量。

做法

1.大米和小米淘洗干净；水发银耳择洗干净，撕成小朵。

2.鸡蛋磕入碗中打散，搅匀；枸杞子泡洗干净，备用。

3.汤锅内加冷水烧开，下入大米、小米和银耳。

4.用中火煮至米粒涨开，放入枸杞子和冰糖续煮。

5.待米粒松软烂熟时，淋入蛋液，煮开即可关火。

胡萝卜肉菜卷

原料： 面粉、黄豆粉、瘦猪肉、胡萝卜、白菜、植物油、葱末、精盐、酱油各适量。

做法 ·············

1. 面粉与黄豆粉按10：1的比例掺合，加入适量水，和成面团发酵。

2. 将瘦猪肉、胡萝卜、白菜切成碎末，加入适量油、葱末、精盐、酱油搅拌成馅。

3. 把发酵好的面团加入碱水，揉匀，擀成面片。

4. 面片抹入肉菜馅，从一边卷起，码入屉内蒸30分钟即可，吃时切成小段。

菠菜炒粉丝

原料： 菠菜250克，粉丝100克，黄酒10克，大葱5克，精盐、植物油各适量。

做法 ·············

1. 将菠菜清洗干净；粉丝洗净，分别用开水焯一下；大葱切成葱花。

2. 将锅中放植物油，放入葱花炝锅。

3. 加入黄酒和50毫升清水（骨头汤更好），将菠菜、粉丝一起下锅，再加适量的精盐，翻炒均匀即可。

香菇烧豆腐

原料： 鲜香菇、豆腐、香葱、姜末、精盐、鸡粉、植物油各适量。

做法

1.香菇切丁；豆腐切小块备用。

2.锅置火上，倒油烧热后，放入葱、姜爆香，再放入香菇翻炒。

3.香菇翻炒出香味后放入豆腐、精盐、鸡粉翻炒至汤汁收浓。

4.出锅后撒上香葱即可。

山药菠菜汤

原料： 山药20克，菠菜300克，精盐、香油各适量。

做法

1.山药去皮，洗净，切片；菠菜洗净，切段。

2.汤锅置大火上，加入适量清水烧沸，放入山药片煮20分钟，再放菠菜段煮熟，加入精盐调味，滴入香油即可。

补钙食谱

钙是人体中含量最丰富的矿物质，能帮助建造骨骼和牙齿，并维持骨骼的强壮。如果宝宝缺钙，轻微不足就会出现痉挛、关节痛、心悸、心跳过缓、失眠、蛀牙、发育不良以及神经肌肉的过度敏感。初期表现为神经痛和手脚抽搐，有发麻和刺痛感；稍微严重时，可能造成骨骼和牙齿结构松散易碎、血液凝结缓慢或出血；严重不足会引发佝偻病。

1 补钙的食物

含钙较高的食物有小麦、燕麦片、大豆粉、豆制品、牛奶、酸奶、炼乳、鱼子酱、海带、紫菜、虾皮、蚕豆、杏仁、干无花果、绿叶蔬菜等。

2 食用的方法

（1）蚕豆连皮吃可以增进钙的吸收；骨头加醋熬汤，可以增加钙质，糖醋排骨也含有丰富的钙质；将鱼炸酥后连骨吃，可以提高钙的吸收量。

（2）因为钙容易溶于酸性溶液，在碱性环境下则容易形成难溶的钙盐，所以多吃酸水果、果汁、乳酸等，能促进钙的吸收。

（3）用牛奶喂养的婴儿，应该增加含钙高而含磷少的食物，如绿叶蔬菜汤或菜泥、苹果泥、蛋类等。

肉末茄泥

原料：圆茄子1/3个，精肉末1勺，湿淀粉少许，蒜1/4瓣，盐、麻油少许。

做法

1.蒜剁碎，加入精肉末中用湿淀粉和盐搅拌均匀，腌20分钟。

2.圆茄子横切1/3，取带皮部分较多的那半，茄肉部分朝上放碗内，

3.将腌好的精肉末置于茄肉上，上锅蒸至酥烂，取出，淋上少许麻油，拌匀即可。

番茄鱼泥

原料：鲈鱼肉60克，番茄50克，芝麻油3克，盐1克，高汤适量。

做法

1.鲈鱼肉洗净，蒸熟，去除鱼刺和鱼皮，碾压成鱼泥。

2.番茄洗净、去皮，切细末。

3.汤锅中加入适量高汤，倒入鲈鱼肉泥及蒸鱼汤汁，煮开后加入番茄末、盐，煮开至番茄成酱状。

4.调入芝麻油，出锅即可。

炖排骨

原料：排骨（小排）300克，姜、葱各适量，醋少量。

做法

1.把新鲜的排骨（小排）洗净，加冷水、姜、葱、少量的醋，用高压锅煮30~40分钟。

2.取炖好的排骨汤加在宝宝的粥或面条中食用，或直接食用。

奶酪芝麻粥

原料：大米30克，奶酪20克，黑芝麻15克。

做法

1.大米淘洗干净，加入适量开水熬煮成粥。

2.黑芝麻炒香后研碎。

3.米粥煮好后，加入黑芝麻粉，并一起煮开。

4.加入奶酪搅拌均匀，略煮即可。

虾皮鸡蛋羹

原料： 鸡蛋1个，虾皮适量。

做法

1.虾皮洗净，用水浸泡后，捞出切碎。

2.鸡蛋去壳后，取蛋黄加适量温开水打匀。

3.放入虾皮后，隔水小火蒸熟。

猕猴桃泥

原料： 新鲜猕猴桃一个。

做法

1.将猕猴桃用清水洗干净，把外皮去除，再把里面的子也去掉。

2.把果肉压成泥状即可。

莴笋炒三丝

原料： 莴笋100克，猪肉50克，胡萝卜丝50克，土豆丝50克，菌菇丝50克，植物油、精盐、蛋清、水淀粉各适量。

做法

1.洗净莴笋去皮切成丝状；猪肉切丝用少许精盐、蛋清、淀粉拌匀上浆。

2.取干净炒锅放置炉火上，放入适量植物油，烧至三成热时，放入肉丝滑散煸熟，放入其余切好的丝一起入锅与肉丝滑油后捞出沥油。

3.炒锅中留少许余油，加少许精盐烧开后，放入各种丝状材料翻炒几下，用水淀粉勾芡后即成。

🥣 鱼肉松

原料： 黄鱼肉500克，料酒50克，葱15克，大料2粒，盐、植物油各适量。

做法

1.鱼肉去皮，洗净后，切成7厘米长的鱼段；葱切段。

2.将鱼段放在盘内，加葱段、大料、料酒，上笼用旺火蒸20分钟后取出，拣去调料，控干水分，顺着纹理撕成丝。

3.炒勺置火上，放入植物油，油热投入鱼丝，加盐，炒至鱼肉水分干时，改小火边炒边揉，至鱼肉发松发亮时即成。

🥣 肉末海带面

原料： 猪肉末100克，海带丝50克，面条200克，盐、酱油、料酒、植物油各适量。

做法

1.海带丝洗净；猪肉末加酱油、料酒拌匀。

2.锅中加水煮沸后，放入面条用中火煮3分钟至熟，捞出沥水。

3.另取一锅置火上，放适量植物油烧热后，下入肉末用大火煸炒片刻，加适量清水、海带丝转小火同煮10分钟，再放入盘好的面条，加盐调味即可。

🥣 骨头汤菜肉粥

原料： 胡萝卜1根，青菜、瘦肉、骨头汤、大米、盐、酱油各适量。

做法

1.将胡萝卜切成细小的丁，与骨头汤、大米一起煮。

2.瘦肉剁碎，炒好，加适量酱油调味。

3.当粥煮至八成熟时，将炒好的肉碎下锅继续煮。

4.青菜切碎，下锅煮熟，加入适量盐即可。

补锌食谱

锌是宝宝成长发育过程中很重要的一种矿物质，直接影响着人体的蛋白质合成及组织细胞的生长，可以维持宝宝正常的味觉功能和食欲，还能促进伤口的愈合，维持正常的免疫功能，有助于提高宝宝的灵敏度以及促进宝宝正常的性发育。缺乏锌的宝宝容易紧张、疲倦，并且身体容易受到感染，伤口愈合缓慢，皮肤会有横纹，指甲上出现白斑，指甲、头发易断、没光泽，还容易造成发育不良、性发育迟滞。

1 补锌的食物

含锌丰富的食物有牛肉、牛肝、猪肉、猪肝、禽肉、鱼、虾、牡蛎、香菇、口蘑、银耳、花生、黄花菜、碗豆黄、豆类、全谷类等。其中肉和海产品中的有效锌含量比蔬菜更高。

2 食用的方法

研究表明，植物性食品中的草酸、植酸、纤维素等严重干扰锌的吸收。植酸主要存在于米面当中。我国家庭通常以米面为主食，不过，存在于米面中的植酸也有一个特点，如果把它发酵，植酸就会减少，不再对锌的吸收产生影响。因此，吃馒头、面包就比吃米饭更有利于锌的吸收。

肉蛋羹

原料：鸡蛋1个，猪里脊肉、精盐、香油各适量。

做法

1. 猪里脊肉（1寸见方），剁成泥；鸡蛋打入碗中，加入和鸡蛋液一样多的凉白开水，加入肉泥，放一点点精盐，朝一个方向搅匀，然后上锅蒸15分钟。

2. 出锅后，淋上一点香油即可。

三豆粥

原料：绿豆、黑豆、红小豆、大米各30克，白糖适量。

做法

1. 绿豆、黑豆、红小豆、大米分别洗净，放入清水中浸泡2小时。

2. 将锅置火上，放入绿豆、黑豆、红小豆、大米和适量清水，大火煮沸，再转小火煮至豆烂粥熟，加入适量白糖调味即可。

白萝卜鱼泥

原料：鳕鱼或草鱼1块，擦碎的白萝卜2大匙，高汤适量。

做法

1. 鱼泥可以选用刺少的鳕鱼或草鱼中段，放入水中煮熟，剔去刺，碾成泥。

2. 鱼泥和碎萝卜一起放入锅内，再加入高汤一起煮成糊状。

🥣 白菜肉泥

原料：瘦肉50克，大白菜50克，虾皮、香油各适量，酱油、盐各少许。

做法

1.大白菜洗净，切成碎末；瘦肉洗净，剁成肉泥；虾皮洗净，水泡片刻去掉咸味，控干水，切成碎末。

2.把肉泥、虾皮末、白菜末加入调料及菜水，顺着一个方向搅拌均匀，边搅边加入菜水，然后放入菜泥拌匀，上蒸笼蒸熟即可。

🥣 牛肉莲子汤

原料：牛肉300克，去心莲子、山药各20克，植物油、香油、精盐、姜片各适量。

做法

1.牛肉洗净，切成小块，用姜片和植物油腌渍10分钟；莲子洗净；山药去皮，洗净，切成小块。

2.将牛肉块、莲子、山药块一起放入锅中，加适量清水，用大火煮沸，再改用小火慢炖，炖至牛肉酥烂，用香油和精盐调味即可。

🥣 花生核桃粥

原料：大米300克，花生、核桃仁、糖各适量。

做法

1.大米、花生洗净后剁碎，放水煮成粥。

2.煮至八成熟时放入核桃仁，喜欢吃甜的可以加少许糖。

虾仁青豆饭

原料： 虾仁300克，青豆100克，大米200克，盐、料酒各适量。

做法

1.虾仁用清水洗净，放入盘中，加入盐、料酒腌渍15分钟；青豆洗净，在沸水锅中焯5分钟左右；大米洗净，放入清水中浸泡1小时。

2.大米放入电饭煲中，加入适量清水，虾仁、青豆放在大米上面，按下开关，焖20分钟左右，开关跳过后，再闷10分钟左右即可。

牡蛎汤

原料： 鲜牡蛎肉、紫菜、葱、姜、精盐、姜丝、清汤各适量。

做法

1.鲜牡蛎肉60克洗净，切小片。

2.紫菜清洗放入大碗中，加清汤、牡蛎肉片、葱花、姜丝，放入蒸锅蒸30分钟。

3.取出加入精盐调匀。

补维生素食谱

维生素的种类很多，在人体内的作用也非常重要。维生素能促进牙齿和骨骼的发育，有助于血液的形成；维持神经系统；启动身体多种机能；保护宝宝的眼睛；帮助宝宝修补受损的组织；协助维护皮肤表面的光滑柔软，保护消化系统、肾脏、膀胱的柔软组织。缺乏维生素的宝宝会出现以下问题：皮肤粗糙、角质化；眼睛干涩，甚至会导致夜盲症；生长迟缓，骨骼形成不健全；容易患各种疾病。

1 补维生素的食物

含维生素较多的食物有蔬菜（如番茄、胡萝卜、白菜）、水果（苹果、柿子、猕猴桃）、动物肝脏（如猪肝、鸡肝）、水产品（如鳝鱼、鱿鱼）、蛋类、牛奶等。

2 食用的方法

（1）补充维生素时，一定要给宝宝吃用新鲜蔬菜制作的营养餐，避免给宝宝吃干燥老化的蔬菜，还要尽量使用少量油快炒的方法烹调食物，避免维生素流失过多。

（2）维生素A与复合维生素B、维生素C、维生素D、维生素E同时补充效果最佳。

🥣 青菜烂粥

原料： 大米30克，青菜2棵。

做法 ············

1.将大米洗净，浸泡1小时，连水放入锅中用中火煮开，转小火继续熬煮；青菜洗净切末。

2.将米捣碎成糊状，加入洗净切好的青菜末，继续煮至酥烂后即可。

🥣 牛奶西蓝花

原料： 西蓝花50克，牛奶30毫升。

做法 ············

1.西蓝花清洗干净，放入水中余烫至软。

2.将沥干水分的西蓝花切成小朵。

3.将切好的西蓝花放入小碗中，倒入准备好的牛奶即可。

🥣 橘子酸奶

原料： 新鲜柠檬汁少许，酸奶200毫升，新鲜橘子1个，白糖适量。

做法 ············

1.橘子洗净，剥皮，分成瓣。

2.白糖加柠檬汁搅拌1分钟，然后加入酸奶，再搅拌10秒钟，倒出。

3.放入新鲜橘子瓣即可。

🥣 菜花糊

原料： 菜花300克，盐适量。

做法 ············

1.菜花去梗，放入盐水中浸泡片刻，洗净，掰成小朵，放入碗内。

2.蒸锅内加入适量清水大火烧沸后，放入处理好的菜花，隔水蒸10分钟，至菜花变软。

3.取出小碗，将菜花放入凉开水中过凉，用汤勺将菜花压成糊，放入盐调味即可。

 香菇炒里脊

原料: 猪里脊肉300克,鲜香菇100克,鸡蛋清1个,胡萝卜片、葱段各适量,植物油、香油、盐、水淀粉各少许。

做法

1. 香菇洗净,切成小块;猪里脊肉洗净切成薄片,用盐、鸡蛋清抓渍后再用淀粉上浆。

2. 起锅倒入植物油烧热,放入里脊肉片滑散后捞出沥油。

3. 在锅底留油,爆香葱段,再放入香菇、胡萝卜片、盐和里脊片翻炒,再加水淀粉勾芡,淋香油翻炒出锅即可。

韭菜炒鸡蛋

原料: 韭菜200克,鸡蛋200克,盐1克,植物油20克。

做法

1. 将韭菜清洗干净,切成末。

2. 鸡蛋打到碗中,加盐,搅拌均匀。

3. 锅中放油,烧到5成熟的时候,加入蛋,炒熟之后捞出。

4. 锅中倒油,加入韭菜末,快熟的时候倒入鸡蛋,加盐翻炒均匀即可。

清炒三丝

原料: 土豆1个,胡萝卜1/2根,芹菜1小棵,花生油、精盐、香醋、淀粉、葱、姜各适量。

做法

1. 将土豆、胡萝卜和芹菜洗净后切成丝状,用沸水焯烫,变色即捞出,用凉水过凉,然后沥去水分备用。

2. 葱、姜切末,锅中加底油,烧热后用葱、姜炝锅,放入焯好的三丝用旺火急速翻炒,烹醋、加精盐,勾少许芡出锅即可。

健脾开胃食谱

胃是消化系统的主要脏器，它的功能是"运化水谷"，即消化食物并吸收其中的养分供身体利用。胃功能强的宝宝身体抵抗力强，不易生病。脾胃虚弱的宝宝特别容易感冒，还表现为面色萎黄，眼袋青暗，鼻梁有"青筋"，身体瘦小，食欲减退，睡得不安稳，且常常会出现腹泻。

1 健脾开胃的食物

有健脾和胃作用的食物有大米、小米、薏米、玉米、黄豆、赤豆、莴苣、冬瓜、胡萝卜、山药、南瓜、番茄、芋头、香菇、苹果、芒果、香蕉等。

2 健脾开胃的方法

（1）让宝宝进行适量的运动，有助于食物的消化与吸收，让宝宝的身心"动"起来，胃口也会调动起来。

（2）给宝宝吃的食物要保证新鲜和安全，对放置时间长的食物最好别给宝宝吃。另外，教育宝宝要勤洗手，餐具要用开水消毒。

（3）夏季不要让宝宝吃过多冰冷的食物，避免增加脾胃的负担。

（4）将菠菜、卷心菜、青菜、荠菜等切碎，放入米粥内同煮，做成各种美味的菜粥给宝宝吃，可以促进宝宝肠胃蠕动，加强消化，并且不会给宝宝的肠胃带来负担。

（5）给宝宝做的食物要营养均衡，色彩搭配好看，味道鲜美，食物的种类多种多样，这样可以刺激宝宝的食欲。

虾米花蛤蒸蛋羹

原料： 鸡蛋2个，虾米、花蛤蜊（要新鲜的）、黄酒、葱、盐各适量。

做法

1.虾米切碎，放在黄酒里浸泡10分钟。

2.花蛤洗净，用开水烫后使壳打开。

3.鸡蛋打碎加盐，加虾米和花蛤蜊，加温水，放入葱花，大火急蒸，蒸至结膏后即可。

雪梨山楂粥

原料： 雪梨250克，大米50克，山楂25克，冰糖50克。

做法

1.大米淘洗干净，用清水泡2小时；雪梨、山楂分别洗净，去核，切小丁。

2.锅置火上，加入适量清水，放入雪梨丁、山楂丁、冰糖同煮成果酱。

3.砂锅置火上，加入适量清水，放入大米煮粥。

4.将雪梨山楂酱倒入砂锅粥内，煮沸即可。

粟米山药粥

原料： 粟米50克，山药25克，白糖适量。

做法

1.粟米用清水洗净；山药去皮，洗净，切成小方块备用。

2.锅置火上，加入适量清水，放入粟米、山药块，大火煮沸后，再转小火煮至粥烂熟，加入白糖搅匀即可。

茯苓饼

原料： 茯苓、米粉各500克，白糖500克，植物油适量。

做法

1.伏苓研末，与米粉、白糖混合均匀，加适量水调成糊状。

2.平底锅置火上，倒油烧热，放入调好的糊，煎成薄饼即可。

 **海蜇荸荠汤**

原料：海蜇30克，鲜荸荠15克，盐适量。

做法

1.海蜇用温水泡发后，洗净，切成末；荸荠洗净，削去皮，切成小丁。

2.锅置火上，加入适量清水，放入海蜇末、荸荠丁，以小火煎煮1个小时，加入盐调味即可。

西芹炒百合

原料：百合2朵，西芹300克，枸杞子、盐、姜末、水淀粉、植物油各适量。

做法

1.将西芹去除皮和老筋，切成菱形片；百合择洗干净，掰开备用；枸杞子热水焯烫。

2.锅中热油，放入姜末、西芹、百合翻炒，再加盐，用水淀粉勾薄芡，最后撒上煮过的枸杞子即可。

鸡金陈皮粥

原料：鸡内金6克，陈皮3克，砂仁15克，大米30克，白糖适量。

做法

1.鸡内金、陈皮、砂仁都研成细末；大米淘洗干净。

2.锅内加水放入大米，熬煮成粥，粥成后加入细末，加白糖即可。

麻香大虾

原料： 鲜虾250克，芝麻75克，蛋清100克，精盐、料酒、糖、植物油各适量。

做法

1.鲜虾去壳，加入精盐、料酒、糖调味（料汁要浸入味）。

2.将虾逐个取出，拖上蛋清，蘸上芝麻备用。

3.起油锅，待油锅至五六成热时，将虾投入，炸成金黄色即可。

清煮嫩豆腐

原料： 嫩豆腐350克，葱花、精盐、水淀粉、香油各适量。

做法

1.豆腐洗净，切成小方丁，用清水浸泡半小时，捞出沥干水。

2.锅置火上，加入适量清水、豆腐丁，大火煮沸后，用水淀粉勾薄芡，加入精盐、葱花、香油调味即可。

山楂麦芽饮

原料： 山楂、炒麦芽各10克，红糖适量。

做法

1.锅内放入山楂、麦芽、清水，熬成100毫升的汁。

2.加入红糖调味即可。

健脑益智食谱

宝宝的大脑活动离不开全面均衡的营养基础，特别是DHA、卵磷脂、多种维生素、叶酸、牛磺酸及矿物质等，这些营养素对宝宝脑细胞和脑组织的生长有着很重要的作用。适当补充这些益智的营养素，可以让宝宝的大脑在发育的黄金阶段得到充足的营养。

1 健脑益智的食物

富含DHA的食物有三文鱼、鲭鱼、沙丁鱼、金枪鱼等深海鱼；核桃、杏仁、花生、松子等坚果；海带、紫菜等海藻类食物。宝宝还可以从初乳、添加了DHA的配方奶粉以及深海鱼油、藻类及鱼类脂肪中提取的DHA制品中获取DHA。

含卵磷脂量较多的食物有大豆、蛋黄和动物肝脏。此外，在鱼头、芝麻、蘑菇、山药、黑木耳、鳗鱼、红花子油、玉米油、葵花籽等食物中也都有一定的含量。

2 食用的方法

1岁以下的宝宝，可以将杏仁、核桃、松子、榛子等用磨碎机磨成粉状，拌入色拉、加入菜中或是洒在饭上给宝宝吃，这样不仅可以增加口感，还可以充分吸收坚果的营养，达到更好的补脑效果。

煎小银鱼饼

原料： 小银鱼50克，鸡蛋1个，牛奶50克，洋葱、油、盐、淀粉各少许。

做法

1. 把小银鱼逐个治净，洗净，捣碎。
2. 洋葱切末；再把鱼泥加洋葱末、淀粉、牛奶、鸡蛋液、盐搅成有黏性的糊状。
3. 平底锅置火上烧热、加油，将鱼糊每次按一勺的量于锅中摊成小圆饼即可。

菠菜蛋黄粥

原料： 鸡蛋黄1个，菠菜、软米饭、高汤、熬熟植物油各适量。

做法

1. 将菠菜洗净，开水烫后切成小段，放入锅中，加少量水熬煮成糊状备用。
2. 将1个蛋黄、软米饭、适量高汤（猪肉汤）放入锅内先煮烂成粥。
3. 将菠菜糊、熬熟植物油加入蛋黄粥即成。

鱼肉蒸糕

原料： 鱼肉1/2块，洋葱1/6个，鸡蛋1个，盐少许。

制法

1. 将鱼肉切成适当大小，加洋葱、鸡蛋清、盐放入搅拌器搅拌好。
2. 把拌好的材料捏成有趣的动物形状，放在锅里蒸10分钟至熟即可。

苹果沙拉

原料：苹果1/4个，橘子数瓣，葡萄干适量，酸奶酪各适量。

做法 ············

1.把洗净的苹果去皮后切碎；橘子瓣去皮和核后切碎；用温开水把葡萄干泡软后切碎。

2.将苹果末、橘子末和葡萄干末一起放入小碗中，加入适量酸奶酪，搅拌均匀后即可食用。

洋葱虾泥

原料：虾仁30克，蛋清1个，洋葱20克，沙茶酱适量。

做法 ············

1.虾仁挑去泥肠，洗净，沥干水分剁碎，加入蛋清调匀。

2.洋葱洗净后切丁，剁碎拌入虾泥中；将拌好的洋葱虾泥上锅蒸5分钟，取出后用沙茶酱拌匀即可。

鱼肉牛奶羹

原料：鱼白肉1/6块，牛奶1大匙，盐少许。

做法 ············

1.将鱼肉洗净，炖熟并捣碎。

2.将鱼肉放在小锅里加牛奶煮，之后加盐调味即可。

🥣 蒸鱼泥豆腐

原料：豆腐1/10块，鱼泥1/2勺，葱末、盐各少许。

做法

1.将豆腐碾碎，加入鱼泥、葱末、盐拌匀。

2.将拌好的豆腐和鱼泥倒入小碗，隔水蒸15分钟，蒸至熟透即可。

🥣 紫菜包饭

原料：鸡蛋1个，米饭、番茄、胡萝卜、洋葱、菠菜心、油、盐各适量。

做法

1.先将鸡蛋搅打匀，在锅中煎成蛋饼，稍凉后切成细丝。

2.把蔬菜切碎末，在炒锅中加油炒胡萝卜末和洋葱末，而后加入米饭和番茄末、菠菜末，蛋丝，用盐调味。

3.平铺紫菜，将炒好的米饭摊在上面，仔细卷好，切成小段即可。

🥣 香蕉牛奶糊

原料：熟透的香蕉1根，鲜牛奶2勺。

做法

1.香蕉剥皮，用小勺把香蕉捣碎，研成泥状。

2.把捣好的香蕉泥放入小锅里，加2勺鲜牛奶，调匀。

3.用小火煮2分钟左右，边煮边搅拌，煮成糊状即可。

明目健齿食谱

良好的视力对宝宝的一生都很重要，所以在宝宝还很小的时候，妈妈就要有意识地给宝宝吃一些有助于明目的菜。维生素A可以促进眼内感光色素的形成，维持正常的视觉反应，防止夜盲症和视力减退，有助于对多种眼疾的治疗。所以要常给宝宝吃富含维生素A的食物。

1 明目的食物

具有明目功效的食物有：猪肝、鸡肝、蛋黄、胡萝卜、菠菜、韭菜、青椒、菜花、小白菜、鲜枣等。

2 食用的方法

（1）维生素A有两种，一种是维生素A醇，另一种是β-胡萝卜素，胡萝卜素本身不是维生素，但是它在人体中可以转化成维生素A。要想使胡萝卜素更好地吸收，并且在体内转化成维生素A，最好用油脂烹调含胡萝卜素的食物，或者食用后吃一些含油脂的食物，这样更有利于宝宝对维生素A的吸收。

（2）为了使维生素A能更好地发挥作用，同时也应该让宝宝摄入足量的脂肪和矿物质。

莲子山药粥

原料：莲子50克，黑米300克，山药、鸡肉块各30克，白糖适量。

做法

1.莲子、黑米分别洗净，放入清水中浸泡片刻；山药去皮，洗净，切块。

2.锅内加水、山药块、鸡肉块、黑米、莲子大火煮沸，再转小火熬至黏稠。

3.粥熟后加入白糖，稍炖即可。

胡萝卜鸡肉饭

原料：胡萝卜、鸡胸肉、香菇、粳米、蒜末、葱末、生抽、香油各适量。

做法

1.粳米泡1~2小时；鸡肉、胡萝卜、香菇切丁。

2.香菇、鸡肉用生抽、香油拌匀稍微腌制，粳米放入电饭锅开始煮。

3.炒锅热油，下葱末、蒜末

爆香，香菇、鸡肉、胡萝卜与少许生抽同炒出香味，待电饭锅里煮米的水快要收干的时候，放入炒好的香菇、鸡肉、胡萝卜丁，拌匀，继续盖上盖子煮至米饭熟为止。

圆白菜炒香肠

原料：圆白菜400克，香肠50克，植物油、盐、白糖各适量。

做法

1.香肠蒸熟、放凉、切丁；圆白菜洗净，切成小块。

2.油锅烧热，大火先把香肠丁炒一下，香肠变色时加入圆白菜，快炒1分钟，加盐和白糖出锅即可。

🥣 鱼肉小饺

原料： 去骨刺新鲜鱼肉、黄瓜、葱末、饺子皮（直径不超过4厘米）、盐、番茄酱各适量。

做法

1. 鱼肉洗净，先用刀背斩成蓉状；黄瓜去皮擦细丝。
2. 把鱼肉和黄瓜细丝搅拌在一起，加少许盐及葱末调成馅，包成小饺子。
3. 待蒸熟或煮熟后，蘸上番茄酱食用。

🥣 胡萝卜拌红薯

原料： 胡萝卜100克，红薯50克，火腿丁、盐、香油、牛奶各适量。

做法

1. 将胡萝卜、红薯分别洗净，切成小块，放入沸水中煮熟。
2. 将胡萝卜块、红薯块、火腿丁加牛奶搅拌在一起，加盐、香油调味即可。

🥣 南瓜牛奶汤

原料： 南瓜200克，高汤100毫升，鲜牛奶50毫升。

做法

1. 先将南瓜洗净，切丁，放入榨汁机中，加高汤打成泥状。
2. 将南瓜泥放入牛奶中用小火煮沸，拌匀即可。

牛奶面包

原料：高筋面粉150克，低筋面粉150克，快速干酵母1/2小匙，牛奶120克，鸡蛋1个，细砂糖80克，奶油50克，盐少许。

做法

1.除奶油外的所有材料搅拌成团。

2.将奶油加入，揉至光滑不黏手。

3.面团用保鲜膜盖上，静置约30分钟。

4.将面团杆平成约2公分的厚度，再以小圆型饼干模压出一个个小圆面团或者以手整形亦可，排列在模型内，表面刷上一层蛋汁即可入烤箱，以160℃烤10～15分钟即可，具体时间温度以自家烤箱习惯为准。

枸杞米糕

原料：粳米500克，酵母5毫升，白糖5克，枸杞子适量。

做法

1.大米洗净浸泡一晚上，加水打磨成米浆。

2.取少量米浆放入大碗中加热30～60秒钟。

3.取少量米浆放入小碗，加白糖和酵母拌匀，静置发酵（夏天室温即可）。

4.将大碗中的熟米浆倒入生米浆中拌匀。

5.发酵好的米浆再倒入其他米浆里拌匀，再次发酵。

6.把发酵好的米浆盛入模具里，洒上泡发好的枸杞子，上锅大火蒸15分钟即可。

豆腐蒸蛋

原料：鸡蛋150克，豆腐（北）200克，火腿50克，香油2克，精盐少许。

做法

1.将豆腐洗净后压成泥蓉，放入碗中，磕入鸡蛋搅散，再加入清水、精盐搅匀。

2.火腿剁成碎末，撒在豆腐鸡蛋液上。

3.将盛豆腐鸡蛋液的碗放入蒸笼中，用中火蒸10分钟取出，淋入香油即可。

韭菜炒羊肝

原料：韭菜100克，羊肝120克，食用油适量，姜末、葱末、酱油各少许。

做法

1.韭菜洗净，切成小段；羊肝洗净，去筋膜，切片。

2.锅置火上，加油烧热，先下葱末、姜末，炒出香味，加入羊肝片略炒，再加入韭菜和酱油，用旺火急炒至熟即可。

壮骨增高食谱

　　宝宝的身高除了与遗传因素有关外，还与很多的后天因素有关，儿童营养学专家认为，在诸多的后天因素中，营养是至关重要的。宝宝的生长发育，包括长高，都离不开以下四大营养素：蛋白质、矿物质（尤其是钙、磷等各种微量元素）、脂肪酸（尤其是必需脂肪酸）以及维生素（如维生素A、维生素D、维生素C）。所以，在宝宝的饮食中要合理摄取这四大营养素，这样才有利于宝宝壮骨增高。

1 壮骨增高的食物

　　具有壮骨增高功效的食物有：鱼类、瘦肉、新鲜水果、新鲜蔬菜（如胡萝卜、菠菜等）、蛋类、牛奶、虾皮、排骨、骨头汤、海带、紫菜、豆制品以及动物内脏等，均富含蛋白质、矿物质、维生素，有利于宝宝长壮、长高。

2 食用的方法

　　含钙高的食物最好和含优质蛋白质或维生素C、维生素D的食物搭配起来食用，这样可以帮助钙质的吸收，也能使钙质沉积在骨骼中。

骨枣汤

原料：动物骨（长骨或脊骨，猪、牛、羊骨均可）250克，红枣15~25枚，鸡腿菇一个，生姜数片。

做法

1.鸡腿菇切片；将骨头洗净捣碎，与红枣、鸡腿菇、生姜同置瓦煲内，加水适量，用旺火烧沸。

2.后用文火烧2个小时以上，直至汤稠即可关火。

牛奶玉米羹

原料：玉米面50克，牛奶100克，鸡蛋黄1个。

做法

1.把鸡蛋黄打散备用。

2.将玉米面用1小碗冷水调和备用。

3.锅中加入1小碗水煮沸后，倒入调和的玉米面煮沸，倒入蛋黄液边搅拌最后加入牛奶，搅拌均匀。

莴笋烧腐竹

原料：莴笋、腐竹、鸡蛋、胡萝卜、葱、姜、料酒、水淀粉、盐、清汤各适量。

做法

1.葱切末；姜切片；莴笋切滚刀块；腐竹切段；胡萝卜切片。

2.鸡蛋磕入碗中，打散后下炒锅炒碎取出待用。

3.炒锅置火上，加葱、姜煸出香味，加入莴笋、胡萝卜、腐竹、料酒、盐、清汤再烧一分钟，加入炒好的鸡蛋，用水淀粉勾芡即可。

牛奶豆腐汤

原料：豆腐1大匙，牛奶1大匙，肉汤1大匙，糖和盐少许。

做法

1.把豆腐放热水中煮后过滤。

2.然后放入锅内，加牛奶和肉汤均匀混合后，上火煮微沸，用糖和盐调味，待温后让宝宝饮用。

芝士肉丸子

原料：芝士1~2片，肉浆、小油菜、盐、葱花、鸡汤、植物油、面粉各适量。

做法

1.小油菜洗净，焯熟；芝士撕碎与肉浆、葱花混合，加少许盐、植物油，面粉，拌匀，用手捏成丸子。

2.将肉丸子隔水蒸热，然后放入鸡汤中，最后放入小油菜即可。

猪肉烧豆皮

原料：猪肉150克，豆腐皮150克，料酒、白糖、精盐、酱油、葱末、姜末各适量。

做法

1.将猪肉洗净，切成小块；豆腐皮撕成块。

2.锅置火上，放入猪肉煸炒至水干，加入料酒、白糖、酱油、精盐、葱末、姜末和适量水，用旺火烧至肉熟烂，加入豆腐皮，烧至入味即可出锅。

牛奶炖猪蹄

原料：猪蹄500克，牛奶250毫升，盐适量。

做法

1.猪蹄去毛，洗净，切成两半。

2.锅置火上，加入适量清水，大火煮沸，放入猪蹄，盖锅盖，用小火将猪蹄炖烂，加入牛奶、盐煮沸后关火即可。

海带炖鸡

原料：水发海带150克，净鸡肉250克，葱、姜、料酒、精盐各适量。

做法

1.将鸡肉洗净，剁成小块；海带洗净，切成小块。

2.锅内入清水、鸡块；烧开后去浮沫，放入葱、姜、料酒、海带，烧开后改用小火，炖至鸡肉熟烂时加精盐，烧至鸡肉入味，出锅装汤盘即可。

图书在版编目（CIP）数据

0～3岁喂养详解与必备食谱500例/万理主编.--北京：中国人口出版社，2013.11

ISBN 978-7-5101-1972-9

Ⅰ.①0… Ⅱ.①万… Ⅲ.①婴幼儿－食谱Ⅳ.①TS972.162

中国版本图书馆CIP数据核字（2013）第218206号

更权威、全面、实用的
婴幼儿营养指导

0～3岁喂养详解与必备食谱500例

万理　主编

出版发行	中国人口出版社
印　刷	大厂正兴印务有限公司
开　本	710毫米×1020毫米　1/16
印　张	20
字　数	180千字
版　次	2014年1月第1版
印　次	2014年1月第1次印刷
书　号	ISBN 978-7-5101-1972-9
定　价	42.80元

社　长	陶庆军
网　址	www.rkcbs.net
电子信箱	rkcbs@126.com
电　话	（010）83519390
传　真	（010）83519401
地　址	北京市宣武区广安门南街80号中加大厦
邮　编	100054